绚丽多彩的
宝石世界

天然珠宝玉石科普知识百问

XUANLI DUOCAI DE BAOSHI SHIJIE
TIANRAN ZHUBAO YUSHI KEPU ZHISHI BAIWEN

江苏省地质学会　　编著
南京地质博物馆

图书在版编目(CIP)数据

绚丽多彩的宝石世界：天然珠宝玉石科普知识百问/江苏省地质学会,南京地质博物馆编著. —武汉：中国地质大学出版社,2016.3

ISBN 978-7-5625-3053-4

Ⅰ.①绚…
Ⅱ.①江…②南…
Ⅲ.①宝石-问题解答②玉石-问题解答
Ⅳ.①TS933.2-44

中国版本图书馆 CIP 数据核字(2016)第 044264 号

绚丽多彩的宝石世界 天然珠宝玉石科普知识百问		江苏省地质学会 南京地质博物馆	编著
责任编辑：胡珞兰			责任校对：代莹
出版发行：中国地质大学出版社(武汉市洪山区鲁磨路388号)			邮政编码：430074
电话：(027)67883511　　传真：(027)67883580			E-mail:cbb@cug.edu.cn
经销：全国新华书店			http://www.cugp.cug.edu.cn
开本：787毫米×1 092毫米　1/16			字数：260千字　印张：10
版次：2016年3月第1版			印次：2016年3月第1次印刷
印刷：武汉中远印务有限公司			印数：1—5 000册
ISBN 978-7-5625-3053-4			定价：50.00元

如有印装质量问题请与印刷厂联系调换

编委会

主　编：朱锦旗　陈惠明

副主编：周康民　詹庚申

编辑委员会：

朱锦旗　陈惠明　陈海燕　陈彦瑾　周康民

詹庚申　章其华　顾国华　周晓丹　钱迈平

祖茂勤　姜耀宇

编著者：

顾国华　章其华　陈彦瑾　续琰琪

张　为　陶　陶　黄　倩

封面设计：

祖茂勤

前　言

　　天然宝玉石是地球的奇迹；是大自然赋予人类的宝贵财富。她以色彩斑斓、晶莹剔透、美丽动人、经久耐用且神秘莫测而深受人们的喜爱。

　　随着我国经济的持续快速发展，人民生活品质的不断提升，珠宝玉石早已进入寻常百姓家庭，并以她特有的魅力装点着人们的生活。但普通市民对珠宝首饰真伪的鉴别能力极其有限，再加上个别不法珠宝商故意混淆概念，误导消费者，使得消费者上当受骗的例子屡见不鲜。为了避免消费者上当受骗，买到称心如意的宝玉石，就需要人们掌握基本的宝玉石鉴别知识。

　　作为地质专业的学会和博物馆，有责任和义务向公众普及宝玉石方面的科普知识。以往的珠宝玉石资料、书籍虽然很多，但都缺乏相应的图片与之对应，这给读者带来许多不便。本书参考、收集了很多宝玉石方面的资料、图片，试图采用一个问题一张图片的形式来介绍宝玉石的分类、鉴别、选购和保养知识，希望这些科普知识能对广大读者起到参考作用。

CONTENTS 目录

一、宝石是装点人类生活的艺术品 ·············001
1. 你知道什么是宝石吗? ·············002
2. 宝石是怎样形成的? ·············008
3. 宝石必须具备哪些条件? ·············010
4. 宝石的重量是怎样计算的? ·············010
5. 世界上公认的五大珍贵宝石是什么? ·············010
6. 世界上有哪些著名的宝石出产国? ·············010
7. 你知道十二生肖石吗? ·············014

二、世界上最硬的物质——钻石 ·············015
8. 什么是钻石的"4C"标准? ·············016
9. 什么是钻石的"荧光"? ·············019
10. 你知道彩色钻石吗? ·············019
11. 常见的假冒钻石有哪些? ·············022
12. 鉴别真假钻石最简单可靠的方法是什么? ·············023
13. 世界上盛产金刚石的国家有哪些? ·············024
14. 我国金刚石主要产在哪里? ·············024

三、丰富多彩的彩色宝石 ·············025
15. 什么是"贵宝石"和"半宝石"? ·············026
16. 为什么红宝石和蓝宝石被称为"姐妹宝石"? ·············026
17. 什么是星光红、蓝宝石? ·············028
18. 红宝石最易与什么宝石混淆? ·············030
19. 中国有没有红宝石、蓝宝石资源? ·············030
20. 什么是祖母绿? ·············031
21. 什么是海蓝宝石? ·············033

I

22. 你知道碧玺吗? ··· 035
23. 常见的碧玺仿冒品有哪些? ································· 036
24. 你知道紫水晶、黄水晶吗? ···································· 037
25. 什么是坦桑石? ··· 039
26. 坦桑石与蓝宝石怎样区别? ···································· 040
27. 你知道橄榄石吗? ··· 040
28. 什么是石榴石? ··· 041
29. 什么是欧泊? ·· 042
30. 欧泊有哪些主要品种? ··· 042
31. 如何识别染色欧泊、注塑欧泊、拼合欧泊和注油欧泊? ······ 044

四、大自然的杰作——猫眼石、变石 ············· 047

32. 什么是猫眼石? ··· 048
33. 哪些宝石具有猫眼效应? ······································ 048
34. 如何区别真猫眼石和人造猫眼石? ···························· 050
35. 什么是变石? ·· 050

五、石中精灵——玉 ··· 051

(一)玉石之王——翡翠 ··· 052

36. 翡翠有什么特点? ··· 052
37. 世界最好的翡翠产在什么地方? ······························ 054
38. 什么是"老坑玉"和"新坑玉"? ······························· 054
39. 什么是"水沫子"? ··· 055
40. 什么是A货、B货和C货? ···································· 057
41. 怎样选购翡翠? ··· 057
42. 怎样保养翡翠? ··· 059

(二)中国的国石——和田玉 ···································· 060

43. 什么是籽料玉? ··· 062
44. 什么是山料玉、山流水玉和戈壁滩玉? ···················· 062
45. 你知道岫岩透闪石玉吗? ······································ 064
46. 什么是籽料的皮色? ·· 065
47. 新疆白玉与俄罗斯白玉、青海白玉、韩国白玉有什么区别? ···067
48. 岫岩老玉、河磨玉与新疆和田玉怎样区别? ················ 068
49. 你知道白玉是如何作伪的吗? ·································· 069

50. 怎样选购白玉? ……………………………………………070
(三)色彩丰富的玉石——岫玉 ……………………………072
51. 蛇纹石玉有哪些特点? ……………………………………072
52. 什么是甲翠? ………………………………………………073
(四)"东方翡翠"——独山玉 ……………………………073
53. 独山玉有哪些品种? ………………………………………074
54. 绿色独山玉和绿色翡翠有什么区别? ……………………075
(五)中国古老名玉——绿松石 ……………………………075
55. 绿松石有哪些特性? ………………………………………076
56. 绿松石有哪些品种? ………………………………………077
57. 怎样识别绿松石合成品、处理品及仿制品? ……………078
(六)品种繁多的玛瑙 ………………………………………080
58. 什么是玛瑙? ………………………………………………080
59. 玛瑙有哪些品种? …………………………………………081
60. 什么是"水胆"玛瑙? ……………………………………082
61. 什么是"南红玛瑙"? ……………………………………082
62. 我国的玛瑙主要产在哪儿? ………………………………084
(七)其他玉石 ………………………………………………084
63. 什么是玉髓? ………………………………………………084
64. 什么是金丝玉? ……………………………………………085
65. 你知道红纹石、绿纹石吗? ………………………………090
66. 西藏天珠 ……………………………………………………091

六、天然有机宝石 …………………………………………095

(一)珠宝皇后——珍珠 ……………………………………096
67. 珍珠为何会有美丽的"晕彩"(珍珠光泽)? …………096
68. 珍珠如何分类? ……………………………………………097
69. 珍珠有哪些形状和颜色? …………………………………098
70. 什么是"东珠""南珠""西珠""江珠"和"南洋珠"? …100
71. 什么是"蚌佛"? …………………………………………101
72. 鉴别真假珍珠的简易方法 …………………………………102
73. 你知道世界上最大的海水珍珠吗? ………………………103
74. 怎样保养珍珠? ……………………………………………104
(二)深海精灵——红珊瑚 …………………………………105

75. 珊瑚怎样分类? ……………………………………… 105
76. 红珊瑚有哪些颜色? …………………………………… 106
77. 怎样区别真假红珊瑚? ………………………………… 110
78. 怎样保养红珊瑚首饰? ………………………………… 111
(三)浑然天成的活化石——琥珀 …………………… 112
79. 琥珀有什么特性? ……………………………………… 112
80. 琥珀有哪些品种? ……………………………………… 112
81. 什么是蜜蜡? …………………………………………… 114
82. 琥珀(蜜蜡)如何保养? ……………………………… 115
83. 世界和中国主要琥珀产地在哪儿? …………………… 115
(四)象牙 …………………………………………………… 117
84. 象牙分哪几种? ………………………………………… 117
85. 怎样鉴别真假象牙? …………………………………… 118

七、印章石 …………………………………………………… 119

86. 中国四大印石是指哪些? ……………………………… 120
87. 什么是寿山石? ………………………………………… 120
88. 寿山石有哪些品种? …………………………………… 120
89. 田坑石的品种? ………………………………………… 123
90. 水坑石的品种? ………………………………………… 123
91. 山坑石的品种? ………………………………………… 127
92. 什么是青田石? ………………………………………… 132
93. 青田石有哪些珍贵品种? ……………………………… 132
94. 青田石与寿山石怎样区分? …………………………… 135
95. 你知道什么是鸡血石吗? ……………………………… 137
96. 昌化鸡血石中的"鸡血"是怎样形成的? …………… 138
97. 昌化鸡血石有哪些珍贵品种? ………………………… 138
98. 巴林鸡血石有哪些珍贵品种? ………………………… 141
99. 你知道陕西旬阳鸡血石吗? …………………………… 145
100. 昌化鸡血石与巴林鸡血石有什么不同? …………… 146
101. 怎样评价鸡血石的优劣? …………………………… 146
102. 怎样识别假鸡血石? ………………………………… 148

主要参考文献 ……………………………………………… 150

BAOSHI SHI
ZHUANGDIAN
RENLEI SHENGHUO
DE YISHUPIN

一 宝石是装点人类生活的艺术品

1 你知道什么是宝石吗?

宝石即珠宝玉石,是天然珠宝玉石和人工宝石的统称。

天然珠宝玉石包括天然宝石(狭义)、天然玉石和天然有机宝石。

根据《珠宝玉石名称》(GB/T 16552—2010)国家标准,天然宝石(狭义)是指由自然界产出的,具有美观、耐久、稀少性及有工艺价值的矿物单晶体或双晶。如钻石、红蓝宝石、祖母绿等。

天然玉石是指由自然界产出的,具有美观、耐久、稀少性及有工艺价值的矿物集合体,少数为非晶质体,如翡翠、和田玉、独山玉、岫玉等。

宝石

玉石

天然有机宝石是指由自然界生物生成,部分或全部由有机物组成,可用于首饰及装饰品的材料。其包括珍珠、珊瑚、琥珀、象牙、砗磲(蛤类的一种)、煤精(又称煤玉)、龟甲、动物的化石等,它们具有漂亮颜色、美丽光泽等。

有机宝石

一　宝石是装点人类生活的艺术品

人工宝石包括合成宝石、人造宝石、拼合宝石和再造宝石。

合成宝石是指完全或部分由人工制造,且自然界有相对应矿物的宝石。合成宝石与天然宝石如果只是从外观或物理性质上来说,几乎是完全一样的。如合成金刚石、合成红蓝宝石、合成祖母绿、合成水晶、合成欧泊、合成绿松石及合成立方氧化锆等。

合成红宝石
(标本来源:江苏省质量技术监督珠宝首饰产品质量检验站)

合成蓝宝石
(标本来源:江苏省质量技术监督珠宝首饰产品质量检验站)

一、宝石是装点人类生活的艺术品

合成祖母绿晶体
（标本来源：江苏省质量技术监督珠宝
首饰产品质量检验站）

合成祖母绿戒面
（标本来源：江苏省质量技术监督
珠宝首饰产品质量检验站）

合成欧泊
（标本来源：江苏省质量技术监督珠宝首饰产品质量检验站）

合成立方氧化锆
（标本来源：江苏省质量技术监督珠宝首饰产品质量检验站）

一　宝石是装点人类生活的艺术品

人造宝石是指人工制成的，但自然界没有与其相对应矿物的宝石。如人造钇铝榴石、人造碳酸锶等，但玻璃、塑料除外。

人造宝石具有宝石的属性，可以用作宝石饰物，主要用于代替或仿造某种类型的天然宝石，如人造碳酸锶、人造钇铝榴石、人造钇镓榴石（GGG）等，常用于仿钻石。

人造钇铝榴石
（标本来源：江苏省质量技术监督珠宝首饰产品质量检验站）

拼合宝石是指由两块或两块以上材料经人工拼贴且给人一个整体印象的宝石。如拼合欧泊、拼合珍珠等。

紫晶(紫色)黄晶(黄色)托帕石(天蓝色)拼合石
（标本来源：江苏省质量技术监督珠宝首饰产品质量检验站）

水晶(上部)石榴石(底部)拼合石
（标本来源：江苏省质量技术监督珠宝首饰产品质量检验站）

欧泊拼合石

再造宝石是指通过人工手段将天然珠宝玉石的碎块或碎屑熔结或压结成具整体外貌的宝石。如再造琥珀、再造绿松石等,再造宝石,其特点是颜色均匀,净度极高,无一丝纹理及杂质。

再造绿松石

一 宝石是装点人类生活的艺术品

目前,市场上还有一种标注为"仿宝石"的饰品。所谓仿宝石,是指用人工宝石模仿某种天然宝石,或者用一种天然宝石模仿另一种天然宝石,如合成立方氧化锆模仿天然钻石;无色透明的天然水晶、黄玉等模仿天然钻石等。

玻璃(仿澳洲玉)
(标本来源:江苏省质量技术监督珠宝首饰产品质量检验站)

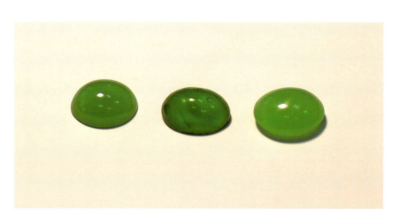

玻璃(仿猫眼)
(标本来源:江苏省质量技术监督珠宝首饰产品质量检验站)

2 宝石是怎样形成的?

天然宝石的形成过程是相当复杂的。不同的地质成因可形成不同种类的宝石:岩浆作用形成如金刚石、红宝石、蓝宝石、橄榄石、绿柱石、祖母绿、海蓝宝石、水晶、碧玺、金绿宝石、玛瑙、托帕石、尖晶石和锆石等宝石;高温高压及流体的变质作用形成红宝石、蓝宝石、石榴石、堇青石、蓝晶石、翡翠、软玉、月光石、蔷薇辉石和碧玉等宝石;岩浆和变质作用形成的宝石由于次生风化、搬运、沉积作用可富集形成金刚石、蓝宝石、水晶砂矿等;生物作用形成如珍珠、煤精、玳瑁、象牙、琥珀等有机宝石。

在岩浆岩、沉积岩和变质岩三大岩类中,岩浆岩是形成宝石的最主要岩石。

生长于金伯利岩(岩浆岩)中的金刚石(白色)
(图片来源:《中国矿物》)

马达加斯加蓝宝石颗粒(砂矿型)
(图片来源:百度贴吧《矿物晶体吧》)

产于越南变质岩围岩中的红宝石
(图片来源:中国奇石网论坛)

一 宝石是装点人类生活的艺术品

3 宝石必须具备哪些条件？

美观、耐久、稀罕是宝石的3个必备条件。美观，这是宝石的基本条件，作为宝石，必须颜色艳丽纯正，透明无瑕又光泽灿烂，或呈现变彩、变色、星光或猫眼等特殊光学效应；其次，宝石必须坚硬耐磨和具有良好的化学稳定性，珍贵宝石的莫氏硬度应在莫氏7级以上；另外，宝石以产出稀少为贵，即使是很艳丽的宝石，若其产出很多，其价值也会受到影响。例如，质地上乘的祖母绿宝石比钻石还要贵，就是因为优质祖母绿在世界上的产量比优质金刚石还要少。

4 宝石的重量是怎样计算的？

克拉（ct）是宝石的重量单位，1克拉等于0.2g，1克拉又分为100分，如10分即0.1克拉，以用作计算较为细小的宝石。

5 世界上公认的五大珍贵宝石是什么？

世界五大珍贵宝石为钻石、红宝石、蓝宝石、祖母绿和猫眼石，其中钻石居五大珍贵宝石之首，被誉为"宝石之王"。

6 世界上有哪些著名的宝石出产国？

世界上宝玉石的著名出产国有20多个，其中以澳大利亚、缅甸、哥伦比亚、斯里兰卡和南非最为著名，合称"世界五大宝石出产国"。其中，南非盛产宝石级金刚石，斯里兰卡盛产蓝宝石，在市场见到最多的为斯里兰卡蓝宝石，同时斯里兰卡的猫眼石也闻名于世；缅甸是世界上最大的红宝石产出国，亦是世界上最大的翡翠产出国；哥伦比亚以产出优质祖母绿著称于世；而澳大利亚产出的欧泊在世界上最为有名。

一、宝石是装点人类生活的艺术品

南非宝石级金刚石
（注：图为来自于南非的世界上最大的钻石库里南钻石原石，重3 106克拉；图片来源：hubao.an的博客）

斯里兰卡蓝宝石
（图片来源：我爱玉）

斯里兰卡的猫眼石
（图片来源：中华古玩网）

一、宝石是装点人类生活的艺术品

缅甸的红宝石
(图片来源:爱玉珠宝黄金网)

哥伦比亚的优质祖母绿(绿色)
(图片来源:《中国矿物》)

一 宝石是装点人类生活的艺术品

澳大利亚的欧泊
(图片来源:下午·发现喜欢)

产自缅甸的翡翠——翡翠雕刻大师获奖作品《祝福》
(图片来源:同仁社区)

7 你知道十二生肖石吗？

十二生肖石，是指12个月生辰所对应的宝石以及对应宝石所代表的含义。

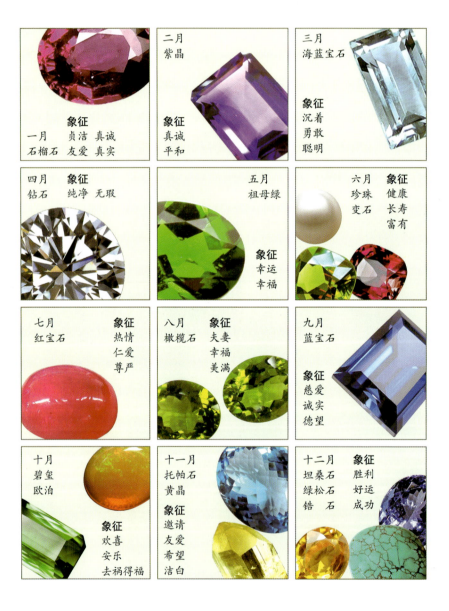

十二生肖石

SHIJIE SHANG
ZUIYING DE WUZHI
—— ZUANSHI

二 世界上最硬的物质——钻石

二 世界上最硬的物质——钻石

钻石被公认为"宝石之王"。矿物名称是金刚石,达到宝石级的金刚石则称为钻石,化学成分是碳。钻石是目前自然界已知最硬的矿物(达到莫氏硬度10级),但其脆性也相当高,用力碰撞会碎裂。它具有极好的热导性,典型的金刚光泽,美丽柔和的色散,高折射率,均质体。

钻石晶体
(图片来源:中国地质博物馆藏品)

8 什么是钻石的"4C"标准?

"4C"是所有宝石中最完整、最具国际性、最科学的一套评价系统,是人们判断一颗钻石价值与品质的衡量标准。所谓"4C"即是4个以C开头的英文单词的简称,指钻石的克拉重量(Carat weight)、净度(Clarity)、色泽(Colour)、切工(Cut)。只需综合"4C"的4点来鉴赏,您就可以轻而易举地了解一颗钻石的价值与品质。

钻石重量以克拉计算。重量越重,其价值就越高;钻石的净度是指钻石内部含有瑕疵的多少,瑕疵越少,其价值就越高(表2-1)。钻石有多种天然色泽,颜色越浅,色级越高,D色为最高色级,极其罕见(表2-2);钻石切工的好坏直接影响到钻石的光芒(即出火),良好的切工才能使钻石璀璨生辉(表2-3)。

表2-1 钻石的净度

判断依据	美国宝石学院(GIA)	中国国家标准	
10倍放大镜下见不到任何瑕疵或内含物	FL(无瑕)	镜下无瑕	LC
无内含物,但有细小的可通过重新抛光去除的外部瑕疵	IF(内部无瑕)		
含有10倍放大镜下很难观察到的极微小瑕疵	VVS1(一级极微瑕)	极微瑕	VVS1
含有10倍放大镜下很难观察到的细小瑕疵	VVS2(二级极微瑕)		VVS2
含有10倍放大镜下难以观察到的细小瑕疵	VS1(一级微瑕)	微瑕	VS1
含有10倍放大镜下比较容易观察到的细小瑕疵	VS2(二级微瑕)		VS2
含有10倍放大镜下容易观察到的明显瑕疵	SI1(一级小瑕)	瑕疵	SI1
含有10倍放大镜下容易观察到的明显瑕疵	SI2(二级小瑕)		SI2
含有肉眼可见的明显瑕疵	I1(一级瑕)	重瑕疵	P1
含有肉眼可见的很明显瑕疵	I2(二级瑕)		P2
含有肉眼易见的极明显瑕疵	I3(三级瑕)		P3

二 世界上最硬的物质——钻石

表2-2 钻石的颜色

美国宝石学院(GIA)		中国国家标准		
白色类	D	D	100	极白
	E	E	99	
	F	F	98	优白
	G	G	97	
	H	H	96	白
微带黄色类,从台面观察近无色,从亭部观察显微黄色	I	I	95	微黄白
	J	J	94	
	K	K	93	浅黄白
	L	L	92	
黄色类,从任何角度观察都显黄色	M	M	91	浅黄
	N	N	90	
	O	<N	<90	黄
	P			
	Q			
	R			
明显的黄色类	S-Z			

表2-3 钻石的切工

判断标准	美国宝石学院(GIA)	中国国家标准
钻石几乎反射了所有进入钻石的光线	Excellent	极好
钻石反射了大多数进入钻石的光线	Very Good	很好
使钻石反射了多数进入钻石的光线	Good	好
钻石反射了少数进入钻石的光线	Fair	一般
光线从边部或底部逸出	Poor	差

9 什么是钻石的"荧光"?

我们购买钻石时,常在证书上看到"强荧光""无荧光"等鉴定结果。那么,什么是钻石的荧光呢?荧光是指在紫外灯照射下的荧光反应。荧光分为强荧光、中等荧光、微弱荧光和无荧光4个级别。

钻石荧光的颜色绝大部分为蓝白色,蓝白色荧光会使钻石显白,但如果荧光过强,就会有一种雾蒙蒙的感觉,影响钻石的透明度。所以,一般有荧光的钻石会比无荧光的钻石便宜。

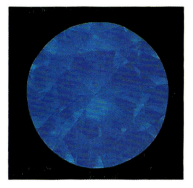

强荧光的钻石在日光下(左)及在紫外荧光灯下(右)的颜色
[图片来源:安妮马克(Annie Mark)的博客]

10 你知道彩色钻石吗?

钻石为什么会呈现颜色呢?这是由于混入了微量元素而产生;另一种原因是晶体塑性变形而产生位错、缺陷,对某些光能吸收而使钻石呈现颜色。

彩色钻石的颜色有黄色、褐色、红色、粉红色、蓝色、紫罗兰色、黑色等。

彩色钻石是稀少的宝石,尤其是红色钻石,绿色也很罕见,蓝色、紫色也是稀少的颜色,相对来说,黄色、棕色钻石较多。

二 世界上最硬的物质——钻石

随着科技的发展,彩色钻石领域的造假术也屡屡升级,除了高温高压变脸,更有辐射致色技术。所以,市民购买时需要当心,建议别买价格太便宜的产品。如果彩色钻石的价格要比白色钻石更低,或者价格差异不算大,那得小心是否为造假的彩钻,因为天然彩钻价格普遍高于白钻50%。

全世界最大的红钻石重5.11克拉的穆萨耶夫钻石
(图片来源:世界名钻欣赏)

世界上最大的黑色钻石(切磨好的)"德·格里斯可诺黑钻",重达312.24克拉
(图片来源:理研钻业)

世界上最大的绿色钻石德累斯顿绿钻,重40.7克拉,价值约2亿美元
[图片来源:cdata(zj238171的博客)]

世界名钻——霍普钻石(蓝钻),又称"希望"钻石,重45.52克拉
(图片来源:世界名钻欣赏)

二 世界上最硬的物质——钻石

世界上最大的黄钻之一蒂芙尼黄钻，
重达128.54克拉
（图片来源：世界名钻欣赏）

世界上最大的粉红钻石"粉红之星"，重59.6克拉
（图片来源：国际在线）

著名的"金色佳节"褐色钻石，重545.67克拉
（图片来源：熙真钻石——彩钻分类概述）

11 常见的假冒钻石有哪些？

钻石稀少而又昂贵,其仿制品和代用品也就应运而生了。但凡透明度高的无色固体,都会被人用来仿钻石。仿制品如玻璃、合成立方氧化锆、合成碳化硅等;代用品如无色锆石、白色水晶、无色刚玉等。特别是合成碳硅石(又称莫桑钻),其光泽、亮度及光彩等方面都与钻石十分相似:化学成分为碳化硅(SiC),莫氏硬度9.25,仅次于钻石的莫氏硬度(10)。其仿真性超过了钻石的最佳替代品合成立方氧化锆。

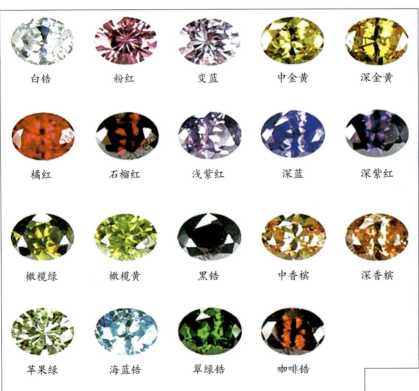

各种颜色合成的立方氧化锆

合成碳化硅(莫桑石)
(标本来源:江苏省质量技术监督珠宝首饰产品质量检验站)

12　鉴别真假钻石最简单可靠的方法是什么？

一般有以下几种简单有效的方法。

触摸鉴定法：将钻石放在手臂或脸上，若感觉它是温暖的，则为假钻石。因为真钻热导性高，无论怎么触摸它，都是凉的。

哈气鉴定法：在钻石上哈口气，如果钻石上的水汽立即消失则证明是钻石；若水汽在钻石上停留几秒钟后才消失则为假钻石。

刻画鉴定法：钻石的莫氏硬度很强，用刀片等难以在上面留下刻痕。此外，用钻石在玻璃上轻轻划一下，会留下一条较明显的白痕。

光性鉴定法：真钻石具有单折光性，有光芒四射、耀眼生辉的特征，放在手上则看不到纹。而假钻石，其色散差、折光率低，透过水晶可见手纹，或在一张白纸上画一条直线，把钻石平放在这条直线上，透过钻石观察这条直线，若钻石边缘两端的线与透过钻石的线是折断的或变形的，则可断定是真钻石，若线条仍然是直的，则为假钻石。

滴水鉴定法：将钻石的上部小平面拭擦干净，用牙签的末端蘸一滴水滴在它上面，真

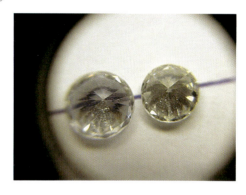

光性鉴定法

[注：在白纸上划一道线，透过钻石观察，合成碳硅石（左）的线可看到略弯曲]

钻石热导仪检测法

哈气鉴定法

二　世界上最硬的物质——钻石

023

钻石上的水滴会呈现中等程度的小圆水滴形状,假钻石上的水滴则会很快散开。

导热性鉴定法:根据钻石的导热性最大这一特点,利用钻石热导仪进行检测,如果是天然品,可使热导仪发出蜂鸣叫,并亮红灯,这是鉴定钻石最准确且简便的方法(合成碳化硅除外)。

13 世界上盛产金刚石的国家有哪些?

世界上年产量居前五名的分别是澳大利亚、扎伊尔、博茨瓦纳、原苏联和南非。这5个国家共占世界总产量的90%左右。尤其是博茨瓦纳和南非的宝石级金刚石较多,是主要的钻石出口国。

14 我国金刚石主要产在哪里?

中国的金刚石探明储量和产量均居世界第10名左右,年产量在20万克拉。钻石主要产地为辽宁瓦房店、山东蒙阴和湖南沅江流域,其中辽宁瓦房店是目前亚洲最大的金刚石矿山。

我国金刚石主要产地——辽宁瓦房店金刚石矿区
(图片来源:世界工厂网)

FENGFU DUOCAI
DE CAISE BAOSHI

三 丰富多彩的彩色宝石

三 丰富多彩的彩色宝石

彩色宝石,也称有色宝石,是宝石大家族中所有(除钻石以外)有颜色宝石的总称。

彩色宝石的最大特征,是颜色丰富多彩。赤、橙、黄、绿、青、蓝、紫,自然界所有的颜色在彩色宝石中都能够找到。由于人类喜爱色彩的天性,近年来彩色宝石正在国内日趋流行,价格也一路上扬。

15 什么是"贵宝石"和"半宝石"?

传统上,国际宝石业界将彩色宝石按价值高低划分为"贵宝石"和"半宝石"两大类。"贵宝石"包括红宝石、蓝宝石、祖母绿、猫眼等。而通常被称作"半宝石"的宝石包括紫水晶、黄水晶、托帕石、碧玺、海蓝宝、石榴石、橄榄石、黑曜石、坦桑石、锆石、青金石、葡萄石、月光石、珊瑚、欧泊、磷灰石等。

但许多专家都认为,宝石不论其价格高低,只要它是美丽的、天然的,就应当被称为宝石,而不应以"贵宝石"和"半宝石"这种带有一定贬低意味的分类来进行描述。

16 为什么红宝石和蓝宝石被称为"姐妹宝石"?

红宝石和蓝宝石被称为"姐妹宝石",是因为它们都是属于含Al_2O_3的刚玉。莫氏硬度是9级。红宝石因含微量元素铬而呈现红至粉红色,蓝宝石因含微量钛和铁元素而呈现蓝色。

红宝石的颗粒细小,优质的3克拉以上的红宝石非常罕见,5克拉以上的则是极端珍稀。天然红宝石"十红九裂",没有一点瑕疵及裂纹的天然红宝石极为罕见。血红色的红宝石(俗称"鸽血红")是红宝石中的珍品,比金刚石还

世界上顶级的红宝石:清代红宝石佛手
(注:珍藏在北京故宫博物院;图片来源:新华网)

要贵重。

世界上红宝石大多来自亚洲（缅甸、泰国和斯里兰卡）、非洲和澳大利亚。

蓝宝石的颜色并不是仅有蓝色，还有无色、黄色、粉红色、紫色、绿色、褐色等，其中以鲜艳的天蓝色者为最好。

世界上出产蓝宝石的主要国家有澳大利亚、泰国、缅甸、斯里兰卡、柬埔寨和中国。

印度和巴基斯坦边境上的克什米尔和缅甸出产的蓝宝石，被公认为是最美丽和最有价值的，被誉为蓝宝石中的极品。斯里兰卡和马达加斯加出产的蓝宝石亦广受市场欢迎，它们有着明亮的光泽和适中的蓝色，我们在商场看到的大部分蓝宝石都产于这两个国家。除此以外，柬埔寨的蓝宝石由于其浓艳的蓝色，声誉也日渐提高。

世界上顶级的红宝石：鸽血红红宝石"卡门·露西娅"

（注：重23.1克拉，是目前展出最大的刻面优质红宝石，珍藏在美国斯密逊博物馆；图片来源：新华网）

三 丰富多彩的彩色宝石

极其罕见的10.88克拉克什米尔蓝宝石

（图片来源：雅昌拍卖）

三　丰富多彩的彩色宝石

斯里兰卡顶级蓝宝石
（图片来源：我爱玉）

各种颜色的斯里兰卡蓝宝石

17　什么是星光红、蓝宝石？

凡经过切割和琢磨的弧面型，具有星光效应的红宝石、蓝宝石均为星光红宝石和星光蓝宝石，一般有六射和十二射的星光，以斯里兰卡所产的质量较优。世界上最大的星光红宝石是印度拉贾拉那星光红宝石，该宝石重达2 457克拉，具有六射星光。

三 丰富多彩的彩色宝石

印度拉贾拉那星光红宝石
（图片来源：商都社区）

星光蓝宝石
（图片来源：中国地质博物馆收藏品）

18 红宝石最易与什么宝石混淆？

红宝石色彩美丽，产出稀少，被公认为世界五大珍贵宝石。因此，市场上常有冒充红宝石的情况发生，出现最多的是尖晶石。红色尖晶石与红宝石十分相似，区别在于：红宝石有二色性。所谓二色性，就是从不同方向看有红色和橙红色两种色调，颜色不均匀，有丝绢状包裹体；而尖晶石是均质体，无二色性，颜色均匀。

另外还有红色石榴石、红色玻璃假冒红宝石的，区别的方法是：石榴石红色均匀，内部洁净，肉眼很少见到包裹体；而红色玻璃的颜色均一，内部洁净，有时可见圆形气泡和漩涡状流动构造，用手摸有温感，无荧光现象。

红色尖晶石戒面
与红宝石颜色很相似

红色石榴石戒面
颜色与红宝石很相似

19 中国有没有红宝石、蓝宝石资源？

中国的红宝石产地很少。到目前为止，仅在海南省文昌县（1978年发现）、安徽省西南部（1981年发现）、黑龙江省东部（1986年发现）和云南省哀牢山4处发现了有工业价值的红宝石产地。

中国的蓝宝石产地主要有山东省昌乐、海南省文昌蓬莱、福建省明溪、黑龙江省、江

三　丰富多彩的彩色宝石

山东省昌乐蓝宝石
(图片来源：推广宝)

苏省六合等。海南省、福建省所产蓝宝石色美而透明,但粒径小于5mm,晶体内部缺陷少,而较大者则裂隙较多;黑龙江省所产蓝宝石色艳而透明,但颗粒细小;江苏省六合所产的蓝宝石虽色美而透明,但常有裂纹;山东省昌乐蓝宝石储量为中国之最,也是目前世界上已探明储量最大的蓝宝石矿区之一,它的颗粒大,净度高,但颜色优美者较少,色调普遍有些偏深。

20　什么是祖母绿？

祖母绿被称为绿宝石之"王"。它是一种含铍的硅酸盐矿物,矿物名称叫绿柱石。凡是透明的绿柱石矿物都可作为宝石。因含微量元素的不同,颜色呈现黄绿色、蓝绿色、褐绿色、暗绿色等,其中以碧绿清澈者最为名贵。莫氏硬度7.5,玻璃光泽。性脆,易碎。因其特有的绿色和独特的魅力,深受西方人的钟爱,也愈来愈受到国人的青睐。

三 丰富多彩的彩色宝石

产于哥伦比亚沉积岩中的祖母绿晶体
（图片来源：我爱玉）

祖母绿戒指
（图片来源：雅昌拍卖）

云南麻栗坡祖母绿晶体
（图片来源：麻栗坡老山网）

21 什么是海蓝宝石？

海蓝宝石，源于拉丁语"Sea Water"（海水）。颜色特征是天蓝色、海蓝色，它与祖母绿同属一个家族，也是一种含铍的硅酸盐矿物。因含微量的二价铁离子（Fe^{2+}）使它呈现出美丽的蓝色，以明洁无瑕、浓艳的艳蓝至淡蓝色者为最佳。玻璃光泽，透明至半透明，莫氏硬度7.5。

海蓝宝石晶体
（图片来源：天下奇石《精美的巴基斯坦海蓝宝石晶体》）

海蓝宝石手链
（图片来源：淘淘搜网）

海蓝宝石雕件
（图片来源：云南的宝石及矿物晶体）

三 丰富多彩的彩色宝石

三 丰富多彩的彩色宝石

摩根石是目前市场上一种新兴的彩色宝石，实际上，它是粉色的绿柱石，是祖母绿和海蓝宝石的姻亲。摩根石因含有锰元素才使其呈现出橙红和紫红这两种娇艳的颜色。由于产量稀少且颜色娇艳可人，这种独特的洋红色宝石价值很高，优质者价格更在普通品质的祖母绿之上。

摩根石最著名的产地是美国加州圣地亚哥，另外，主要产地还有巴西、俄罗斯、马达加斯加、印度和非洲等地。中国的新疆、云南、内蒙古、海南、四川等地均发现有摩根石，其中以新疆和云南的质量为最佳。

摩根石戒面
（图片来源：下午·发现喜欢）

①海蓝宝石；②祖母绿；③金绿柱石；④摩根石
（图片来源：武进新闻网《摩根石 一种宝石的诞生》）

22 你知道碧玺吗？

近年来，碧玺的价格快速升涨，每克已超 4 000 元。在国际市场上，一般鲜红色的、鲜蓝色的碧玺价格最高，红绿双色和玫瑰红色、翠绿色的碧玺也非常受市场欢迎。

碧玺的矿物名称为电气石，宝石界把宝石级的电气石称为碧玺。莫氏硬度 7~7.5，玻璃光泽，透明至不透明，有热电性。碧玺是色彩最丰富的一种宝石，可有无色、粉红、红、绿、蓝、黄、褐等颜色，有时同一晶体可出现多种颜色，故称"多色碧玺"。

碧玺晶体
（图片来源：中国地质博物馆）

多色碧玺
（图片来源：可爱的圆圆）

碧玺大家族
（图片来源：中国彩色宝石网）

三、丰富多彩的彩色宝石

碧玺的产地分布很广,巴西是碧玺最有名的产地,以盛产红色碧玺、绿色碧玺和碧玺猫眼而著称于世。现在市面上的碧玺大多来自巴西。其他产地还有坦桑尼亚、肯尼亚、马达加斯加、莫桑比克、纳米比亚、阿富汗、巴基斯坦、斯里兰卡、意大利、美国加州与缅甸等,中国新疆与云南也产有碧玺。

碧玺挂件
(图片来源:我爱玉)

蓝碧玺十八子提珠
(图片来源:艺术网)

23 常见的碧玺仿冒品有哪些?

最常用来冒充碧玺的宝石是水晶。用染色水晶通过一种特殊的技术改造水晶,再通过染色手段达到碧玺的效果,这样的水晶称为"爆花晶",其晶体颜色分布极度不自然,颜色集中在裂隙处,而高品质的天然碧玺是没有这样的裂隙的。

此外,还有用萤石、玻璃冒充碧玺的。萤石与碧玺的区别:前者莫氏硬度只有4,而碧

三　丰富多彩的彩色宝石

"爆花晶"（染色水晶）
（图片来源：百度）

真碧玺手链
（图片来源：下午·发现喜欢）

玺的莫氏硬度7～7.5；至于玻璃仿制品，可用放大镜来观察，玻璃仿制品在放大镜下可看见其中存在气泡。

24　你知道紫水晶、黄水晶吗？

紫水晶是水晶的一种，因含铁、锰等矿物质而形成漂亮的紫色。主要颜色有淡紫色、紫红色、深红色、大红色、深紫色、蓝紫色等，以深紫红色和大红色为最佳。莫氏硬度7，成分以二氧化硅（SiO_2）为主。

紫水晶在世界各地分布很广。乌拉圭所出产的紫水晶一直是紫水晶中紫色的最高级色调。这种紫色非常深，非常娇艳，带着酒红色的"火光"；巴西紫水晶的产量最多，市面上绝大多数紫水晶产品都来自巴西；中国紫水晶主要产地有山西、内蒙古、新疆、云南、河南和山东。

三 丰富多彩的彩色宝石

紫水晶戒面
（图片来源：下午·发现喜欢）

紫水晶手链
（图片来源：凝翠坊）

黄水晶在宝石界被称为"水晶黄宝石"，其颜色从浅黄色、正黄色、橙黄色到金黄色都有。由于亮度与彩度都十分出色，只要是透明而光洁，都可称为上品。深橙色的黄水晶被视为是最有价值的，因为它的颜色浓郁且醇厚，给人一种皇家般尊贵的感觉。

由于天然黄水晶极为稀少，价格也比较昂贵。

黄水晶的主要产地在巴西。目前国内市场上很多的黄水晶是由紫水晶加热褪色后制成的，颜色较淡，且没有美艳之感，色调显得有些单薄。

巴西黄水晶手链
（图片来源：下午·发现喜欢）

25 什么是坦桑石？

3D重制后的《泰坦尼克号》15年后再次热映全球，看过影片的人一定忘不了影片女主角Rose佩戴的那颗湛蓝晶莹的"海洋之心"。很多人误以为那是颗蓝宝石，而事实上，那颗传世之宝既非蓝钻，也非蓝宝石，而是一颗产自坦桑尼亚的坦桑石。

这种宝石是1967年才在非洲的坦桑尼亚发现的，这是世界上的唯一产地。为纪念当时新成立的坦桑尼亚联合共和国，它被命名为坦桑蓝。坦桑石的颜色主要呈湛蓝色、红褐色、深紫色，透明，块体大，有的经过加热处理变成像蓝宝石一样的靛蓝色。莫氏硬度6.5～7，玻璃光泽。

坦桑石至今最大的市场仍在北美，每年出产的坦桑石80%销往美国，其次是欧洲。

坦桑石戒指
（图片来源：宝石吧）

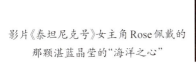

影片《泰坦尼克号》女主角Rose佩戴的那颗湛蓝晶莹的"海洋之心"

三　丰富多彩的彩色宝石

26 坦桑石与蓝宝石怎样区别？

首先，从莫氏硬度上来看，坦桑石的莫氏硬度为6.5～7，而蓝宝石的莫氏硬度要比它大，达到9。其次，从颜色上来看，坦桑石其实是蓝色透明的黝帘石，从不同角度观察它时，会呈现不同的色彩：在日光下会出现蓝色系列变化，在白炽光（烛光、黄昏光）下会出现桃色和紫罗兰色，而蓝宝石只会在两个方向出现颜色上的变化。

坦桑石戒面
（图片来源：中国地质博物馆）

蓝宝石戒面
（照片来源：昵图网）

27 你知道橄榄石吗？

橄榄石大约是3 500年以前在古埃及领土圣·约翰岛发现的。它是一种镁与铁的硅酸盐，因其颜色多为橄榄绿色而得名。宝石级橄榄石分为浓黄绿色橄榄石、金黄绿色橄榄石、黄绿色橄榄石、浓绿色橄榄石。玻璃光泽，透明。莫氏硬度6.5～7。具脆性，韧性较差，极易出现裂纹。

世界上最大的一颗宝石级橄榄石产于红海的扎巴贾德岛，重310克拉，现存于美国华盛顿史密斯学院。

我国的橄榄石主要产地有河北、山西、内蒙古等地，其中以河北张家口的宝石级橄

黄绿色橄榄石
(图片来源：马志飞的博客《幸福之石——橄榄石》)

绿色橄榄石戒面
(图片来源：深圳市诚实珠宝贸易有限公司)

三 丰富多彩的彩色宝石

榄石最为著名，在这里曾发现了我国最大的一颗橄榄石，重达236.5克拉，取名为"华北之星"。

28 什么是石榴石？

石榴石因晶体与石榴籽的形状、颜色十分相似，故名"石榴石"。色泽好、透明的石榴石可以成为宝石。中国称宝石级石榴石为"紫牙乌"或"子牙乌"。莫氏硬度 6.5～7.5。

三 丰富多彩的彩色宝石

宝石级石榴石戒面
（图片来源：下午·发现喜欢）

石榴石手链
（图片来源：淘宝网）

29 什么是欧泊？

欧泊是一种含水的 SiO_2，属于蛋白石类矿物，只有宝石级的蛋白石才可称为欧泊。它又叫澳宝，香港人又称之"闪山云"。欧泊在宝石中颜色最为绚丽，古罗马自然科学家普林尼曾说："在一块欧泊石上，你可以看到红宝石的火焰，紫水晶般的色斑，祖母绿般的绿海，五彩缤纷，浑然一体，美不胜收。"玻璃至树脂光泽，莫氏硬度5～6。世界上95%的欧泊出产在澳大利亚。

30 欧泊有哪些主要品种？

根据颜色不同，欧泊分为黑欧泊（黑山云）、火欧泊、白欧泊、水晶欧泊（透明）等。黑欧泊，泛指在黑色、深蓝色或绿色基底上出现强烈变彩的欧泊，是欧泊中最名贵的品种，优质的黑欧泊可能比钻石还稀有，有相当大的升值空间和收藏投资价值；火欧泊，泛指在红色或橙红至褐黄色基底上出现少量或没有变彩现象的欧泊；白欧泊，泛指在白色或浅色基底上出现变彩的欧泊；水晶欧泊，其特点是透明或半透明，它可以是欧泊中的任何一种。另外，变彩越多、色块越美艳的欧泊价值越高（人们把从不同角度看到欧泊不同色彩的现象称为"变彩"）。

三 丰富多彩的彩色宝石

黑欧泊戒面
（图片来源：宝石吧）

黑欧泊
（图片来源：宝石吧）

火欧泊，有时称墨西哥火欧泊
（图片来源：佐卡伊珠宝之家）

火欧泊
（图片来源：华夏收藏网）

三　丰富多彩的彩色宝石

水晶欧泊
（图片来源：美丽说）

白欧泊戒面
（图片来源：淘淘搜网）

31　如何识别染色欧泊、注塑欧泊、拼合欧泊和注油欧泊？

目前，在珠宝市场上常见的主要有4种造假欧泊品种：染色欧泊、注塑欧泊、拼合欧泊、注油欧泊。

（1）染色欧泊的鉴别。珠宝加工业往往用糖液将白欧泊染黑冒充黑欧泊，其识别方法：黑色往往沉淀在彩片或球粒的空隙中间，偶尔可看到黑色小点。经过糖煮或注塑的欧泊比重明显不同，在水中测试，其比重值变轻。亦可用加热后的针测试注塑欧泊，天然欧泊热针扎不进，注塑欧泊能够扎进，并会产生塑料氧化后的气味。

染色处理前劣质不带彩的欧泊
（图片来源：Sissi 的博客）

已经过糖酸处理后的原料切片
（图片来源：Sissi 的博客）

（2）注塑欧泊的鉴别。为了使欧泊呈现黑色或白色，人们往往在天然欧泊中注入塑料，其识别特征是：注塑欧泊的密度低，一般为 1.99g/cm³，天然欧泊密度为 2.15g/cm³，且在半透明的块体中可见到黑色集中的小束。

（3）注油欧泊的鉴别。注油欧泊处理方法是用注油和上蜡的方法，来掩饰欧泊的裂隙。这种欧泊可能显示蜡状光泽,当用热针检查时有油或蜡珠渗出。

(4)拼合欧泊的鉴别。拼合欧泊是指用极薄的一层宝石级欧泊与黑色衬底或透明玻璃黏合,成为"二层石"或"三层石"。鉴定的关键是从宝石的腰部或其侧面观察,不同层位在颜色、光泽、彩片、透明度等不一样,即有拼合迹象,或有结合线、粘胶或气泡等。

澳大利亚欧泊二层拼合石
(图片来源:中华古玩网)

DAZIRAN DE JIEZUO
——MAOYANSHI、
BIANSHI

四 大自然的杰作
——猫眼石、变石

四 大自然的杰作——猫眼石、变石

32 什么是猫眼石？

猫眼石又称东方猫眼，是珠宝中稀有而名贵的品种。由于猫眼石表现出的光现象与猫的眼睛一样，灵活明亮，能随着光线的强弱而变化因此而得名。这种光学效应，称为"猫眼效应"。一般重几克拉的优质猫眼其价格可与优质的祖母绿、红宝石相当。在伊朗王冠上，有一颗重达147.7克拉的黄绿猫眼，是稀世珍品。在美国自然博物馆里也藏有一颗重47.8克拉的优质猫眼石。

猫眼石在矿物学中是金绿宝石中的一种，是含铍铝氧化物。有各种各样的颜色，如蜜黄色、褐黄色、酒黄色、棕黄色、黄绿色、黄褐色、灰绿色等，其中以蜜黄色最为名贵。透明至半透明。玻璃至油脂光泽。二色性明显，莫氏硬度8.5。

最好的猫眼石（即金绿宝石猫眼石）产自东方的斯里兰卡，故又称"东方猫眼"或"斯里兰卡猫眼"。

中国地质博物馆收藏的金绿猫眼
（图片来源：中国地质博物馆）

33 哪些宝石具有猫眼效应？

自然界能产生猫眼效应的宝石还有碧玺、绿柱石、磷灰石、石英、蓝晶石等，但是都不如金绿猫眼珍贵。

绿碧玺猫眼
（图片来源：侏罗纪桃园宝石馆）

四 大自然的杰作——猫眼石、变石

红碧玺猫眼项链
（图片来源：中华古玩网）

金绿柱石猫眼
（图片来源：杨武玲天然珠宝）

磷灰石猫眼
（图片来源：北京彩色宝石）

石英猫眼
（图片来源：盛典易宝城）

四 大自然的杰作——猫眼石、变石

34 如何区别真猫眼石和人造猫眼石？

猫眼石由于其特殊的光学效应，因而非常珍贵，10克拉以上的高品质猫眼石价值百万美元，所以很多商家为了牟取利益用仿冒的猫眼石(主要是玻璃猫眼石)来欺骗消费者。真猫眼石(褐黄色)中间只有一条亮带，人工猫眼石在弧形顶端同时出现2～3条亮带，且莫氏硬度只有5，比真猫眼石低得多(真猫眼石莫氏硬度8.5)。

真猫眼石

人工猫眼石
（图片来源：张钰东的博客）

35 什么是变石？

变石指的是一种在不同色温下能显示不同颜色的宝石，古称紫翠玉。这是一种比钻石还昂贵的宝石。

变石和猫眼石一样，在矿物学中属于金绿宝石，只是由于具有不同的光学特点而成为两种不同的宝石。由于变石具有在阳光下呈绿色、在烛光和白炽灯下呈红色的变色效应，许多诗人赞誉变石为"白昼里的祖母绿，黑夜里的红宝石"。透明、半透明至不透明。二色性强，莫氏硬度8.5，韧性极好。在长、短波紫外线照射下都可以出现微弱的红光。

变石猫眼戒面
[注：在阳光下为黄绿色(左)，在烛光下变紫红色(右)]

变色强烈显著的，属上等珍品。如果变色效应与猫眼效应集于一个宝石上，称变石猫眼，它是非常罕见和昂贵的一种宝石。

变石的著名产地是斯里兰卡、巴西等。

SHIZHONG JINGLING
—— YU

五 石中精灵——玉

古人认为,玉乃"撷天地之灵气,采日月之精华"而生。中国有四大名玉,即新疆的和田玉、河南南阳产的独山玉、湖北郧县等地产的绿松石和辽宁岫岩县产的岫玉。

(一)玉石之王——翡翠

36 翡翠有什么特点?

翡翠也称翠玉、硬玉、缅甸玉,它是玉石中最珍贵、价值最高的产品,称为"玉石之王"。主要由辉石类等矿物组成。

翡翠的主要特点:一是有纤维变晶结构,即由许多纤维状微晶硬玉致密地交织在一起;二是颜色丰富多彩,主要有绿、红、黄、紫、白、蓝、黑7种颜色,并且这些颜色可以同时在一块翡翠上出现;三是翡翠集合体有刺状或参差状断口,常见翡翠表面的片状闪光,称为"翠性",云南称"苍蝇翅膀",这是判别翡翠真假的重要标志;四是玻璃光泽,莫氏硬度6.5~7。

翡翠的翠性
(图片来源:翡翠爱好者之釉子的博客
《说下翡翠的裂、纹、原生纹、冰片纹、棉线、
色线的区分》)

全绿翡翠挂件
(图片来源:环球收藏网)

五 石中精灵——玉

翡翠雕件,红色称"翡",绿色称"翠"
(图片来源:中国地质博物馆)

福禄寿三色翡翠手镯(福—紫罗兰,禄—翠,寿—翡)
(图片来源:卓克艺术网)

翡翠摆件(紫罗兰)
(图片来源:《翡翠知识第二集》)

翡翠原石
(图片来源:中华古玩网)

37 世界最好的翡翠产在什么地方？

世界90%以上的翡翠产自缅甸。另外，原苏联、美国、日本和新西兰也有少量翡翠产出，但其质量远不如缅甸翡翠。

缅甸知名的帕敢坑口开采翡翠原石的情景

38 什么是"老坑玉"和"新坑玉"？

一般将缅甸所产的，经过机械风化和河水搬运至河谷、河床中的翡翠大砾石，称为"老坑玉"或"籽料"。这种玉的特点是"水头好"，质坚，透明度高，其上品透明如玻璃，故称"玻璃种"或"冰种"，其中的翠绿绿得可爱，被称为"高绿"或"艳绿"。

新坑玉，也称"山料"，是指在原产地新开采出来的翡翠玉料，没有风化表皮，其水头和光泽都比老坑玉差。

翡翠原石（老坑）

五　石中精灵——玉

老坑冰玻种挂件　　　　　　　翡翠如意挂件(新坑)
(图片来源:《宝玉石知识第二集》)　　(图片来源:皇朝翠玉)

新坑翡翠山料
(图片来源:毛毛虫的博客《新场玉、砂皮毛料赌石和水石》)

39　什么是"水沫子"?

　　水沫子一般呈透明或半透明状,颜色大多为白色、灰白色、灰蓝色、蓝绿色,也可见漂亮的紫色,羞涩的粉红色,纯正的红色、绿色等。

水沫子的外观与翡翠有很多相似之处，如种、水、颜色等。特别是无色、白色的水沫子非常像玻璃种、冰种翡翠；分布有少许绿的水沫子与"飘蓝花"翡翠极为类似。因此在市场上往往被不法商人用来冒充优质翡翠，高价出售。其实水沫子是一种主要由钠长石矿物组成的钠长石玉，常产在与翡翠伴生的矿脉中。

种、水、色俱佳的水沫子也是难得的佳品，同样具有一定的投资和收藏价值。

水沫子与翡翠的区别：前者敲击声音显沉闷，而翡翠敲击声音则清脆；另外，掂轻重，水沫子手感要比翡翠轻，因为两者密度不同，水沫子密度 2.48～2.65g/cm³，翡翠密度 3.33g/cm³。

水沫子挂件
（图片来源：思源翡翠）

水沫子飘花挂件
（图片来源：滇西瑞祥）

玻璃种飘花翡翠手镯（左）与水沫子飘花手镯（右）
（图片来源：左图来自爱淘宝，右图来自我爱玉）

40 什么是A货、B货和C货？

A货是指未经过任何作假处理的原色天然翡翠；B货是指原来有绿色(或黑绿色)的低档翡翠，经化学处理后去除杂质，使翡翠原有的绿色变得均匀，且整体透明起来，使档次显著提高。这种玉经过较长的时间后，其色和质都会变差；C货是指经过人工加色的假色玉。其方法是借高温高压将染色剂渗入到无色的翡翠中，使它的全部或局部变为翠绿色，但这种颜色一般半年左右就会变淡。

漂白染色填充翡翠(B+C)
(图片来源:《翡翠知识第二集》)

翡翠挂件(A货)
(图片来源:华夏·鉴定估价)

41 怎样选购翡翠？

主要原则有以下4个方面：一是种、水要好，即挑选"老坑玉"，这种玉的特点是"水头好"，玉质晶莹剔透，反之，则称为"水差"，玉质较松；二是颜色，翡翠以绿色为上乘，

五　石中精灵——玉

一件精品翡翠应该是微含透绿,色如冬青,娇嫩滴翠,光泽匀和,浓艳鲜亮;三是透明度,优级品翡翠的透明度要高;四是形状完美,不论何种形状的翡翠都应雕工精细,造型正常、完美。

另外提醒消费者,购买翡翠玉石或珠宝首饰,一定要到有信誉的品牌商店或商场购买,要有质量检验权威机构出具的珠宝鉴定证书或质量检验证书。

色种俱佳的翡翠
(图片来源:缅甸珠宝)

雕工精细的中国当代玉雕大师翡翠精品
(图片来源:《宝石知识第二集》)

42 怎样保养翡翠?

翡翠要与钻石、红蓝宝石分开摆放,因为玉石的莫氏硬度虽高,但是受碰撞后很容易开裂;翡翠首饰应忌与酸、碱和有机溶剂长期接触,如各种化妆品、香水、美发剂等,尽可能避免灰尘、油污,若有灰尘或油污的话,宜用软毛刷(牙刷)清洁,若有污垢或油渍等附于玉面,应以淡肥皂水刷洗,再用清水冲净;佩挂件最好用清洁、柔软的白布抹拭,不宜用染色布、纤维质硬的布料;定期清洗,玉件一般隔一段时间要进行一次清洗,清洗后要干布擦拭至有光泽即可。

(a)翡翠清洗的工具　　(b)将翡翠浸泡在水中
(c)用软刷轻轻擦洗翡翠　　(d)用软布擦干翡翠表面的水分

翡翠的清洗方法
(图片来源:中国奢侈品)

(二)中国的国石——和田玉

　　和田玉是中华民族的瑰宝,是中国的"国石",古名昆仑玉,在我国已有3 000多年的悠久历史。因盛产于新疆和田县而得名。主要成分为透闪石。按颜色可分为白玉、青玉、青白玉、黄玉、糖玉、碧玉及墨玉7类。和田玉中白玉最为珍贵,含铁量少,莫氏硬度6～6.5。白玉中最佳者白如羊脂,称"羊脂白玉",是玉中上品。它的特点是白、糯、细、润。

　　和田玉以温润或油性为第一特征,它的光泽带有很大的油脂性,柔和,给人以滋润感,这就是古人所说的"滋润而泽"。这是其他的玉不能与之相比的。

　　广义上的和田玉是指新疆和田玉、青海玉、俄罗斯玉、韩国玉及岫岩的老玉、河磨玉。

白玉精品玉牌
(图片来源:贰零肆玖的博客《易少勇精品玉牌欣赏》)

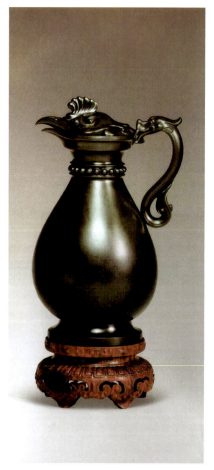

陆爱风作品《凤首龙柄玉壶》(碧玉)
(图片来源:《中国和田玉》总第15辑)

五 石中精灵——玉

白玉高风亮节牌
（图片来源：和田玉雕件精品50幅）

罕见的原生黄玉籽料雕件——财神
（图片来源：中国和田玉网）

和田碧玉手链
（图片来源：下午·发现喜欢）

清代和田墨玉笔筒
（图片来源：博宝拍卖网）

43 什么是籽玉？

籽玉,又名籽儿玉,它与山流水玉和戈壁滩玉的形成都是各种地质运动导致的结果。籽玉就是从河流中拣出的玉石,它是原生玉石经过剥蚀、冲刷搬运到水系中的大卵石。籽玉的特点是块度较小,一般在几千克左右,最小者仅如小指一般。常为卵形,表面光滑。因为长期搬运、冲刷、分选,所以质地好、色泽洁净,其中常有羊脂籽玉出现。

籽玉
(图片来源:《中国矿物》)

44 什么是山料玉、山流水玉和戈壁滩玉？

山料玉又称山玉,是指直接从玉石矿中采出的原生玉石。山料玉的特点是块度较大,呈不规则棱角状,质地相对较粗,质量常不如籽玉。

山流水玉一般出现在河流上游,距原生矿近,是山料经风雨或风沙石冲刷磨损堆积而成,所以无尖锐的棱角,表面较平滑。山流水玉块度稍大,颜色较白,质地比较细腻、紧密。而戈壁滩玉是由于地壳运动、雪崩或其他大自然营力将其搬运到戈壁滩后,长期受风沙冲击后形成的。其特点是块度大小不一,片状为多。质地较为紧密、细腻、坚硬。颜色有白色、青白色、灰白色、墨黑色等。

山料玉
(图片来源:藏友古玉馆)

五 石中精灵——玉

山流水玉
（图片来源：艺粹网）

仿清中期和田山流水白玉卧马摆件
（图片来源：宁夏网）

和田山料白玉摆件——马上封侯
（图片来源：360doc个人图书馆）

和田戈壁滩玉
（图片来源：阿邦网）

45 你知道岫岩透闪石玉吗？

岫岩透闪石玉，是一种由透闪石集合体组成的岩石。透闪石玉质地异常细腻，坚韧，莫氏硬度在6～6.5之间。可分为原生矿玉（老玉）和砂矿（河磨玉）两类。

老玉是指从山顶上原生矿采掘出来的透闪石玉料（即山料）。岫岩老玉很少有白色的，大多为浅黄色、浅绿色或黄绿色。老玉由于多年风化，原石外面常常有一层薄或厚的壳，玉石界称为

老玉玉雕《龙凤配》
（图片来源：360doc个人图书馆）

"皮"，主要为黄褐色。颜色主要有黄白色、绿色、青白色、糖色色、黑色，以黄白色质量最佳；河磨玉（即籽料）出产于河床砾石之中，因河水长期冲刷及砾石摩擦，棱角殆尽而形成

老玉玉雕《寿星》
（图片来源：360doc个人图书馆）

河磨玉《观音显圣》
（图片来源：淘岫玉）

并得名。河磨玉是岫玉中极品玉,因从外表看好像一层石头包着玉石,因此也叫石包玉。河磨玉外包石皮,内分绿色、黄色和纯白色,其中黄白和纯白玉质最佳,其玉质纯净、坚韧、油脂感强,可与新疆和田玉相媲美。

46 什么是籽料的皮色?

皮色是指籽玉外表带有黄褐色或其他色泽的一层很薄的皮,系氧化而成。皮色对于玉石来讲是非常重要的,好的皮色有时候决定了一块玉石的命运。

和田洒金黄原石籽料
(图片来源:和田玉原石网)

带漂亮秋梨皮的挂件原籽
(图片来源:和玉论坛)

新疆和田玉枣红皮白玉籽玉原石
(图片来源:御府)

和田玉的皮色
(图片来源:和田玉吧)

五 石中精灵——玉

名贵的品种有枣皮红、黑皮子、秋梨皮、黄蜡皮、洒金黄、虎皮子等。行业中常以籽玉外皮的颜色来命名籽玉,如像枣子一样的皮色,称"枣皮红";如白皮者,称"白皮籽玉";黑皮者,称"黑皮籽玉";乌鸦色者,称"乌鸦皮籽玉";似鹿皮色者,称"鹿皮籽玉";桂花色者,称"桂花皮籽玉";色如红糖者,称"糖皮籽玉"等。

皮色是新疆籽玉的重要外观特征。

和田洒金黄长寿龟
(图片来源:中华古玩网)

糖皮羊脂玉雕件《横空出世》
(图片来源:和田玉频道)

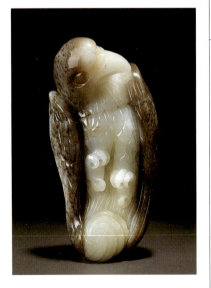

和田乌鸦皮老鹰
(图片来源:博宝拍卖网)

清代和田玉虎皮籽料瑞兽
(图片来源:华夏收藏网)

47 新疆白玉与俄罗斯白玉、青海白玉、韩国白玉有什么区别？

俄罗斯白玉、青海白玉和韩国白玉都是矿物成分为透闪石的软玉，因与新疆和田玉十分相似，故在市场上常冒充新疆和田玉。

俄罗斯白玉相对新疆白玉来说质地略显粗糙，白而不"润"，给人有种"死白"的感觉；青海白玉的透明度普遍较新疆白玉高，雕刻后的作品有半透明的感觉，且没有和田玉的"油性"。另外，还可以用硬物轻轻敲击，新疆白玉发出的声音相对清脆，而俄罗斯、青海白玉则略显"沉闷"。

韩国白玉，又称春川玉，简称韩玉。均为山料，无籽料。颜色通常白中泛黄，或是偏青且显暗灰，透明度不高。而新疆和田玉颜色自然，温润柔和。在莫氏

青海白玉，比新疆白玉相对要透一些
（图片来源：《白玉品鉴与投资》）

俄罗斯白玉给人"死白"的感觉
（图片来源：《白玉品鉴与投资》）

韩国玉蝴蝶型玉佩
（图片来源：华夏收藏网）

硬度方面,新疆和田玉的莫氏硬度为6~6.5,在玻璃上刻画比较容易;而韩国玉的莫氏硬度在5.5左右,要费点劲才能在玻璃上划出痕迹来。

48 岫岩老玉、河磨玉与新疆和田玉怎样区别?

岫岩老玉、河磨玉是岫岩玉中极品玉,其矿物成分与新疆和田玉一样,都为透闪石,为广义的和田玉。那么怎样与新疆和田玉来区别呢?好的岫岩老玉应该是黄白色,这种黄白色与和田玉的黄玉不同,新疆和田黄玉主要是正黄色、黄绿色。河磨玉与新疆和田玉的区别:一是看玉皮,河磨玉的玉皮因为混杂有锰、褐铁、黏土、绿泥石等,皮层较和田玉籽料要厚1倍以上;二是鉴光,即把河磨玉放在强光下透射,会看到大块的僵白玉斑,就是俗称"棉絮"的玉花,而和田玉籽料则没有这种情况,光线能够均匀透射在玉石上;三是河磨玉与新疆和田玉比较,和田玉油性要大一些,尤其是籽料,而河磨玉的透性要高一些;四是从产地来看,老玉、河磨玉只产于辽宁岫岩。

好的岫岩老玉呈黄白色
(图片来源:3N3N的博客)

和田黄玉(板栗黄)印章(正黄色)
(图片来源:华夏·鉴定估价)

49 你知道白玉是如何作伪的吗？

白玉作伪主要有以下几种：一是把山料玉或其他相似玉石甚至大理石等切割打磨成形同籽玉的外形，冒充籽玉；二是用人工皮色冒充白玉的天然皮色；三是用其他石料，通过种种作假的手法冒充新疆白玉，以获取暴利。

人工磨成的"籽玉"
（注：磨制后仍留有痕迹——棱角，其表面表现也不自然；图片来源：《白玉品鉴与投资》）

新疆山料玉冒充新疆白玉
（注：这件雕件是将新疆山料玉先磨成籽料的外形，表皮上的颜色也是人工烧制的；图片来源：《白玉品鉴与投资》）

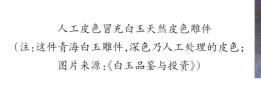

人工皮色冒充白玉天然皮色雕件
（注：这件青海白玉雕件，深色乃人工处理的皮色；图片来源：《白玉品鉴与投资》）

五　石中精灵——玉

50 怎样选购白玉？

第一，选购白玉最好在自然光下观察，这才是最真实的白玉色彩。

第二，看玉的质地。上好的白玉表面光泽湿润，具有金精玉液的美称。用手摸上去仿佛幼儿的脸蛋一样柔美、细嫩。

第三，皮色。皮色非常重要，有皮色的白玉价值往往要高于没有皮色的。天然的皮色分布是自然而灵活的，皮色与玉石浑然一体，且其颜色有层次感，从内而外，逐渐变深。

美轮美奂的羊脂玉雕件《双鹿》
（图片来源：《中国矿物》）

和田籽料——福寿如意
（注：一枚灵芝衔于貔貅嘴中，利用皮色巧雕的蝙蝠款款来临；图片来源：大树林的博客）

第四,雕工。七分看料三分看雕工。雕工好,能全面表现玉之天然之美丽,且能赋予其人文内涵,令其身价倍增。

另外,要提醒广大消费者,在选购、投资的过程中,不要认为只有新疆白玉才算是真正的白玉。实际上,新疆白玉、俄罗斯白玉和青海白玉的化学成分和矿物组成基本相同,只存在结构和外观方面的差异,上等的俄罗斯白玉和青海白玉也是可遇而不可求的宝贝,也值得投资。

俄罗斯糖白玉雕件《弥勒佛》
(注:这件俄罗斯糖白玉雕件《弥勒佛》,润白、细腻,巧色巧雕,人物现象刻画生动;图片来源:《白玉品鉴与投资》)

鬼斧神工的精心雕琢《喜结良缘》
(注:2006年获第三届和田玉展示会最佳工艺奖;图片来源:中华玉网)

白玉玉雕作品《圣地青莲对屏》
[注:2012年获天工奖(金奖);图片来源:树化玉吧]

(三)色彩丰富的玉石——岫玉

岫玉以产于辽宁省鞍山市岫岩满族自治县而得名,为中国历史上的四大名玉之一。广义的岫玉包括辽宁岫岩玉、广东南方岫玉、四川会理岫玉、新疆昆仑岫玉和北京十三陵所产京黄岫玉等。狭义的岫玉则专指辽宁岫岩县所产的岫岩玉(简称岫玉)。

51 蛇纹石玉有哪些特点?

按矿物成分的不同,可将岫岩玉分为蛇纹石玉、蛇纹石玉与透闪石玉混合体两种。

蛇纹石玉,即普通意义上的岫玉,指蛇纹石矿物含量85%以上,色泽鲜艳、致密光润的微细纤维状蛇纹石矿物集合体。莫氏硬度2.5~5.5。它包括岫玉和花玉。

岫玉的颜色丰富,基本颜色为绿色、黄色、白色、黑色、灰色5种。它的特点是质地细

岫玉雕件《马上封侯》
(图片来源:360doc个人图书馆)

花玉《桃园结义》
(图片来源:淘岫玉)

腻、温润，外表呈玻璃状光泽，透明度较高。花玉是岫岩玉的一个特殊品种，是透闪石玉和蛇纹石玉不规则生长在一起的玉种。油脂玻璃光泽，水头足。莫氏硬度4.5～5.5。

52 什么是甲翠？

甲翠即为蛇纹石玉和透闪石玉混合体。因其表面绿色花纹色泽鲜艳，很有些像翡翠，故当地人在以前称它为假翠，后正式将其命名为"甲翠"。它的莫氏硬度在4～5之间。主要矿物成分为白色透闪石（50%）和绿色蛇纹石（50%）。其特点是颜色白绿相间，艳如翡翠，质地比岫玉略粗。

（四）"东方翡翠"——独山玉

独山玉因产于河南省南阳市的独山而得名，也称"南阳玉"或"河南玉"，也有简称为"独玉"的。中国四大名玉之一。独山玉色泽鲜艳，质地细腻，透明度和光泽好，莫氏硬度6～6.5，可与翡翠媲美，故被誉为"东方翡翠"。独玉的主要特色是色彩丰富、分布

花玉雕件《海底世界》
（图片来源：360doc个人图书馆）

岫岩甲翠玉刻《连升三级》
（图片来源：义铧果嶺网）

五 石中精灵——玉

不均、浓淡相间,同一块玉石中常因不同的矿物组合而出现多种颜色并存的现象。在独山玉的众多颜色种类中,以纯绿色和翠绿色为最佳。

53 独山玉有哪些品种?

按颜色可分为红独山玉(芙蓉玉)、白独山玉、黄独山玉、绿独山玉(近似翡翠)、青独山玉、黑独山玉、紫独山玉和杂色独山玉8种。

红、绿独山玉玉雕《丰收的喜悦》
[注:获2012年天工奖(铜奖);图片来源:树化玉吧]

独山玉手镯
(图片来源:雅昌论坛)

独山玉天蓝料玉雕精品《生意兴隆》
(图片来源:华玉珠宝)

黑白独山玉雕作品《梦鼓》
[注:获第八届中国玉石雕刻作品天工奖
(银奖);图片来源:玉满斋]

54 绿色独山玉和绿色翡翠有什么区别？

优质的翠绿色独山玉虽然与缅甸翡翠比较相似，但独山玉的翠色总不免带有灰蓝绿色调，即颜色不正，比起翡翠具有浓、阳、俏、正、和特点的绿色差别较大；独山玉的"水头"也比翡翠逊色得多；其次看色调，独山玉是多色玉石，颜色多呈条带状，会显示一些肉红色—棕色，成为独山玉的特色色调，翡翠一般则不会出现肉红色。最好的方法是到检测机构鉴定，因为独山玉与翡翠的矿物成分完全不同，独山玉是一种黝帘石化斜长岩，而翡翠主要是由辉石类等矿物组成。

一只最佳的独山玉手镯其价值为数千元或上万元，而一只特高档的宝石绿翡翠手镯的价值则高达数百万元，所以二者是不可比的。

独山玉的翠色总不免带有灰蓝绿

翡翠具有浓、阳、俏、正、和特点的绿色调

（五）中国古老名玉——绿松石

绿松石是世界上最古老的玉石品种之一，有着几千年的灿烂历史。它质朴典雅，深受我国藏族同胞和美国西部人民的喜爱。

五　石中精灵——玉

绿松石又称松石、土耳其玉、突厥玉。实际上土耳其并不产绿松石。据资料介绍，由于古代波斯出产的绿松石经土耳其运往欧洲，被人们误认为产于土耳其而得此名。在元代，绿松石被称作"甸子"或"碧甸子"。由于我国的绿松石主要产于湖北省的荆襄一带，故又名"荆州石"或"襄阳甸子"。

藏族最喜爱绿松石做配饰
（图片来源：360doc个人图书馆）

55　绿松石有哪些特性？

绿松石是一种含水的铜铝磷酸盐。其特点是特有的天蓝色或蓝绿色，玉石中常有小的不规则的白色脉纹和斑块及铁线，也常见褐色的脉纹和斑块。铁线的主要成分是褐铁矿。铁线和松石有时会形成如墨线勾画的自然图案，美丽而独具一格。绿松石莫氏硬度差异很大，为2.6～5.3。蜡状光泽，在酸中能溶解。

具蔚蓝等色、蜡状光泽的绿松石
（图片来源：金投网）

铁线绿松石
（图片来源：下午·发现喜欢）

56 绿松石有哪些品种？

按颜色可分为天蓝色绿松石、深蓝色绿松石、浅蓝色绿松石、蓝绿色绿松石、绿色绿松石、黄绿色绿松石、浅绿色绿松石等。

蔚蓝色绿松石手串
（图片来源：盛世收藏）

清代绿色调绿松石精雕仕女摆件
（图片来源：盛世收藏）

浅绿色绿松石
（图片来源：《中国矿物》）

浅蓝色绿松石
（图片来源：《中国矿物》）

高瓷绿松石是质地最硬的绿松石，由于它抛光后带有蜡状光泽至半玻璃光泽，好像上了釉的瓷器，所以被称作"瓷松石"。

清代黄绿色绿松石珠
（图片来源：中华古玩网）

高瓷绿松石手串
（图片来源：文玩天下）

57 怎样识别绿松石合成品、处理品及仿制品？

合成绿松石则是用人工方法制成的绿松石，通常颜色纯正而均一，少见杂质。

法国吉尔森法合成的绿松石制品
（图片来源：淘松石网）

仿绿松石
（图片来源：自由贸易网）

人工处理品常见有两种：一种是灌注绿松石；另一种是染色绿松石。

灌注绿松石：是指通过给天然绿松石注油、注胶、注塑或注蜡等方法，美化和改善绿松石的外观，使其价值增高。对于注油、注蜡的绿松石，可快速用（不要超过3秒钟）热针触探其不显眼处，用放大镜观察会发现析出的小油珠；注塑品同样可用热针触探，可闻到塑料特有的刺鼻气味。

染色绿松石：是将颜色较浅或偏色的绿松石用染剂染成天蓝色的绿松石。这种颜色过于均匀，不自然。我们可取一些棉花然后蘸一点氨水去擦拭样品，染色的绿松石会有掉色的现象，而天然绿松石则不会有此现象。

绿松石的仿冒品主要有玻璃和瓷、染色玉髓。

玻璃和瓷仿制品，外观看上去很像绿松石，但光泽较强，为玻璃光泽，不像绿松石的蜡状光泽。

染色玉髓主要是指染成天蓝色的碧石。在碧石中几乎总能找到或在局部找到似玛瑙的圈纹，只要发现这种现象即能与绿松石鉴别。此外，染色碧石的玻璃光泽也可与绿松石的蜡状光泽相区别。

充胶后绿松石制成的玫瑰项坠
（注：用充胶后的绿松石制成的玫瑰项坠，虽然很漂亮，但感觉还是与真的绿松石不同，没有天然的灵性；图片来源：华夏收藏网）

染色绿松石

合成绿松石（左）与天然绿松石（右）

五　石中精灵——玉

绿松石玻璃仿制品
(图片来源：义乌市华安饰品厂)

塑料仿制品
(图片来源：360doc个人图书馆)

(六) 品种繁多的玛瑙

58 什么是玛瑙？

玛瑙被誉为古代七宝之一，史称"琼玉""赤玉"，自古就作为饰品被人们广泛使用、收藏和佩戴。

玛瑙是指具有纹带构造的玉髓，其主要成分为二氧化硅，莫氏硬度6.5~7。断口呈贝壳状，透明至半透明，玻璃光泽。

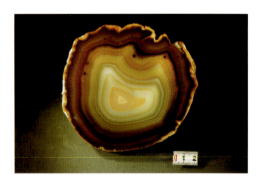

玛瑙的纹带构造
(图片来源：中国地质博物馆)

59 玛瑙有哪些品种？

中国有句俗话："千般玛瑙万种玉。"说明玛瑙的品种繁多。按颜色划分有：红玛瑙、蓝玛瑙、紫玛瑙、绿玛瑙（目前中国市场上的绿玛瑙几乎都是人工着色而成）、黑玛瑙、白玛瑙等，不过红色是玛瑙中的主要颜色。玛瑙的颜色以红色为佳。

战国红缟玛瑙环
（注：辽宁朝阳出产，因形质、色彩及纹路与战国时期出土的红缟玛瑙相同，故被称为战国红玛瑙；图片来源：盛世收藏）

少见的紫玛瑙勒子
（图片来源：中华古玩网）

具纹带构造的黑玛瑙
（图片来源：雅昌艺术网）

蓝玛瑙球
（图片来源：中国地质博物馆）

春秋白玛瑙竹管节
（图片来源：雅昌论坛）

五 石中精灵——玉

60 什么是"水胆"玛瑙？

水胆玛瑙是玛瑙中最为珍贵的品种。水胆玛瑙，指自然界形成的玛瑙中包裹有天然形成的水。摇晃时汩汩有声，以"胆"大"水"多为佳。

水胆玛瑙（亮点处为水胆）
（图片来源：中华古玩网）

水胆玛瑙（亮点处为水胆）
（图片来源：山东收藏网）

61 什么是"南红玛瑙"？

南红玛瑙，古称"赤玉"。具体产地主要在云南，其次是甘肃和四川。南红玛瑙常见的色彩为甘肃的柿子黄、大红、粉，也有不常见的紫红，以及这些色彩的透明或者半透明的变化色，包含接近透明的无色。

南红玛瑙质地细腻，是我国独有的品种，产量稀少，在清朝乾隆年间就已开采殆尽，所以老南红玛瑙价格每年急剧上升。

现在市面上有几种南红玛瑙的替代品，一种是云南保山产的南红玛瑙，还有一种四川凉山产的红玛瑙，另外一种人们称之为甘肃南红的玛瑙，其实多为仿做老南红的做旧之物，戴得久了甚至会掉色。

五 石中精灵——玉

清代南红玛瑙极品——柿红手把件
（图片来源：中华古玩网）

云南保山南红玛瑙
（图片来源：阿里巴巴）

南红玛瑙雕件
（图片来源：雅昌拍卖）

62 我国的玛瑙主要产在哪儿？

我国的玛瑙产地分布广泛，几乎各省、区都有。主要产地有辽宁、黑龙江、内蒙古、河北、湖北、山东、宁夏、新疆、西藏和江苏等。名气最大的为辽宁省的阜新市，其有"玛瑙之乡"的美称。

玛瑙之乡——辽宁阜新市

（七）其他玉石

63 什么是玉髓？

玉髓和玛瑙是姐妹玉石，主要成分都是二氧化硅，由隐晶质（即在高倍显微镜下才能看清）石英组成。

神奇的大自然赋予了玉髓丰富的颜色，这里介绍比较常见的4种，即白玉髓、红玉髓、绿玉髓和蓝玉髓。

白玉髓：一般呈奶白色，圆润、通透、细腻。

主要产地有印尼、马达加斯加和中国辽宁。透明（即冰种）的白玉髓产自印尼。

红玉髓：红玉髓是指橙色至红色的半透明玉髓，质地细腻，晶莹剔透，色泽纯正浓厚，油脂至玻璃光泽，半透明到

白玉髓手镯
（图片来源：唯品会）

红玉髓戒指
（图片来源：中国古玩网）

不透明。

主要产地有印度、巴西、日本，中国的甘肃、宁夏也有产出。

绿玉髓：因主要产地为澳大利亚，又称"澳洲玉"。我国又称之为"英卡"石，为一种含镍的绿玉髓。绿玉髓色彩诱人，通常呈苹果绿色，半透明，外观上和绿色翡翠十分相似，但它的绿色给人一种塑料感，翡翠的绿色是非常鲜艳清透的，有翠性；而且翡翠的密度比绿玉髓的大：翡翠放在手中会有沉甸甸的感觉；绿玉髓则只有轻飘感。

绿玉髓的产地除了澳大利亚外，还有德国，美国的加利福尼亚州、亚利桑那州，波兰，巴西，俄罗斯，中国的台湾等地。

蓝玉髓：为蓝色的玉髓，半透明状，鲜明美观。

绿玉髓耳钉
（图片来源：下午·发现喜欢）

64 什么是金丝玉？

近年来，珠宝玉石市场上金丝玉被挖掘热炒。金丝玉又名硅质"田黄"，石友也称之为"雅丹玉"和"新疆金丝玉"。其属于石英岩质的玉石。莫氏硬度6.5～7。因产于古丝绸之路，玉石为金黄色，内部带萝卜纹而得名"金丝玉"，为中国独有的珍贵玉石品种。它色彩多样，有红、黄、绿、黑、白等颜色，五彩缤纷，艳丽动人。

台湾蓝玉髓
（图片来源：台湾易拍全球）

金丝玉的"萝卜纹"
（图片来源：360doc个人图书馆）

五　石中精灵——玉

金丝玉外表特点是玉料磨圆度较高,呈滚圆状,表面凹凸不平,表面可有不同颜色的皮色。玉料内部通常有一种金丝状的"棉",若有若无,宛若金丝,很是鲜艳和美丽,具突出的、有别于其他品种的特色。

目前市场上非常活跃的黄龙玉、台山玉、黄蜡石、玉髓等,主要成分都与金丝玉类似。

"金丝玉"的品级评定以纯洁度、透明度、色泽、质地、形状、块度等为主要条件,其次看"萝卜纹"。

主要产于中国新疆克拉玛依市乌尔禾区、魔鬼城、戈壁滩、沙漠等地域。

金丝玉的颜色:雪花色种
(注:像雪花的白,白色中有微细的冰雪般结构,并隐现萝卜纹理构造;图片来源:360doc个人图书馆)

金丝玉的颜色:蛋白色种
(图片来源:360doc个人图书馆)

金丝玉的颜色:果冻色种
(注:浅、透的黄白色,透明度比鸡油冻更好;图片来源:360doc个人图书馆)

金丝玉的颜色:花斑色种
(注:在黄的基底上出现梅花点的桃红和其他青、灰的斑点状颜色;图片来源:360doc个人图书馆)

金丝玉的颜色:鸡油黄色种
(注:如切割下来的鸡油脂肪,半透明至不透明,近似于浅黄色;图片来源:360doc个人图书馆)

金丝玉的颜色:金银色种
(注:如田黄中的"银包金"品种,一层白色壳包裹着蛋黄般色彩地带金丝玉;图片来源:360doc个人图书馆)

金丝玉的颜色:金刚色种
(注:一层黑色的皮壳包裹或附着在粟黄的玉石上,与寿山石的"乌鸦皮"很相似;图片来源:360doc个人图书馆)

五 石中精灵——玉

五 石中精灵——玉

金丝玉的颜色：橘红色种
（注：如朝阳般黄红融合一体的橘黄红；
图片来源：360doc个人图书馆）

金丝玉的颜色：洒金黄色种
（图片来源：360doc个人图书馆）

金丝玉的颜色：萝卜丝色种
（图片来源：360doc个人图书馆）

金丝玉的颜色：田黄色种
（图片来源：360doc个人图书馆）

金丝玉的颜色：桃红色种
（图片来源：360doc个人图书馆）

金丝玉的颜色：红宝石光色种
（图片来源：360doc个人图书馆）

五 石中精灵——玉

金丝玉的颜色：白宝石光色种
（图片来源：360doc个人图书馆）

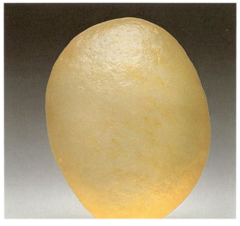

金丝玉的颜色：黄宝石色种
（图片来源：360doc个人图书馆）

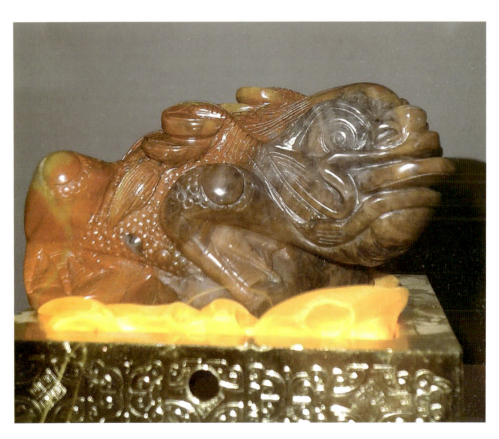

金丝玉玉雕
（图片来源：中国奇石网）

65 你知道红纹石、绿纹石吗？

珠宝市场上有一种叫作印加玫瑰的美丽宝石，其实这种宝石就是红纹石，由于它是阿根廷的国石，所以它也被叫作阿根廷石。

红纹石是一种达到宝石级别的菱锰矿，成分为$Mn[CO_3]$。莫氏硬度3.5～4.5。质量上好的红纹石通常呈现玫瑰红到浅红，晶体接近透明，这种红纹石十分罕见，也十分珍贵。红纹石不仅产在阿根廷，美国、秘鲁、罗马尼亚、日本、南非和中国都有出产，其中以南非、美国、秘鲁、阿根廷4国产出的最好。中国的产地主要在贵州、湖南和东北的瓦房店。

另外，市场上还有一种称为绿纹石的宝石，其实就是绿色方解石，玻璃光泽，莫氏硬度3～5。

红纹石大吊坠
（图片来源：美丽说）

菱锰矿(红色)晶体
（图片来源：《云南的宝石及矿物晶体》）

绿纹石手链
（图片来源：雅昌拍卖）

66 西藏天珠

到西藏旅游的游客在景区经常会碰到有人向你兜售一种名为"天珠"的手链、项链等。那么,什么是"天珠"呢?天珠又称"天眼珠",主要产地在西藏、不丹、锡金等喜马拉雅山域,是一种稀有宝石。西藏人至今仍认为天珠是天降石。

天珠实际上是一种九眼石页岩,含有玉质及玛瑙成分。有天然形成的规则图案,以眼球形为主,辅以三角形、四边形等,使人看起来似乎有独特的含义蕴含其中,于是被藏族先民认作是天神赐予的宝石而收藏起来。天珠有极强的磁波,其颜色大约可分为黑色、白色、红色、咖啡色及绿色等,莫氏硬度7~8.5。

目前市场上流通的天珠,绝大部分是人工制作的。制作材料有的选用玉髓和玛瑙,也有用玻璃球、塑料球做原料的。那种红色、绿色、褐色等颜色的所谓天珠,其实都是人工染色的玛瑙。

天珠制假过程:①许多厂商,从巴西、乌拉圭进口灰白玛瑙后,会先用刀片划出可切割的部分作

天珠
(图片来源:雅昌拍卖)

切割制作天珠的原材料

打磨天珠形状
(图片来源:我爱玉)

五 石中精灵——玉

五 石中精灵——玉

用化学药剂浸泡
（图片来源：我爱玉）

高温加热变色

刻画天珠珠路
（图片来源：我爱玉）

为天珠材料;②大批工人利用打磨机将切片后的玛瑙磨出天珠的形状;③工人利用美工刀划出天珠上的纹路;④浸泡过化学药剂的玛瑙,须高温加热才会变色,必须不断以手电筒照射探视烧烤情况,染剂经过高温,让原本灰白色的玛瑙呈现黑色。

镶蚀玛瑙天珠

成品黑色"天珠"
(图片来源:我爱玉)

五 石中精灵——玉

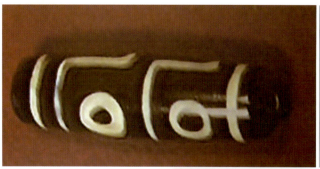

假天珠（玛瑙）
（图片来源：盛世收藏）

合成天珠
（图片来源：盛世收藏）

假天珠（陶瓷）
（图片来源：盛世收藏）

假天珠（玻璃）
（图片来源：盛世收藏）

TIANRAN
YOUJI BAOSHI

六 天然有机宝石

（一）珠宝皇后——珍珠

珍珠是一种古老的有机宝石，它以其绚丽的珠光宝气和高雅纯洁的品格被誉为"珠宝皇后"。它是海洋或淡水中某些贝类因受到进入（或人工放入）体内的外来物摩擦刺激，体内分泌的珍珠液将外来物层层包裹起来而形成的圆珠体。主要成分为碳酸钙，含少量的有机质和水。

67 珍珠为何会有美丽的"晕彩"（珍珠光泽）？

晕彩是由于光波干涉或衍射的作用而产生的颜色，这种现象称为"晕彩效应"。

珍珠的晕彩
（图片来源：家在深圳我在房网）

68 珍珠如何分类？

珍珠可分为养殖珍珠和天然野生珍珠两类。养殖珍珠又分为淡水养殖珠和海水养殖珠两种。淡水养殖珠无核，是在湖泊、池塘等水深不超过4m的环境中人工养殖的；海水养殖珠产于热带或亚热带的浅海水域中，均采用有核培殖法。现在市场上大量流通的珍珠首饰品绝大多数就是养殖珍珠，野生珍珠早已芳踪难觅。养殖珍珠也是真品珍珠，与加工合成的假珍珠或与珍珠极为相似的仿珍珠是不同的。

广西合浦金色海水珠
（图片来源：家在深圳我在房网）

极品淡水珠项链
（图片来源：家在深圳我在房网）

六　天然有机宝石

69 珍珠有哪些形状和颜色？

珍珠的形状多种多样,有圆形、梨形、米形、蛋形、水滴形、纽扣形和异形,其中以圆形为佳。颜色有白色、粉红色、紫色、淡黄色、金色、淡绿色、淡蓝色、褐色、淡紫色、黑色等,以白色为主。

圆形珠
(图片来源:家在深圳我在房网)

梨形珠项链
(图片来源:华夏收藏网)

米形珍珠散珠
(图片来源:诸暨市多多珍珠饰品商行)

水滴形珍珠耳环
(图片来源:月华珍珠)

六　天然有机宝石

纽扣形珍珠
（图片来源：诸暨水年华珠宝有限公司）

异形珍珠手链
（图片来源：淘淘搜网）

白色珍珠
（图片来源：家在深圳我在房网）

紫色珍珠
（图片来源：家在深圳我在房网）

六 天然有机宝石

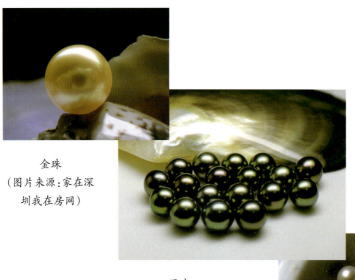

金珠
（图片来源：家在深圳我在房网）

黑珠
（图片来源：碧海珍珠）

广西合浦各种颜色海水珍珠：金色、紫色、粉红色、白色等
（图片来源：家在深圳我在房网）

70 什么是"东珠""南珠""西珠""江珠"和"南洋珠"？

"东珠"是指产于亚洲（日本地区为主）的白色或奶黄色的珍珠；"南珠"是指产于中国广西合浦一带的珍珠，目前故宫博物院里陈列的珍珠，多为合浦出产的；"西珠"是指产于大西洋地区的珍珠；"江珠"是指产于我国黑龙江的珍珠；"南洋珠"是指产于缅甸、菲律宾等地的珍珠。

东珠手串
（图片来源：雅昌论坛）

六　天然有机宝石

金色南洋珠
（图片来源：盛世收藏）

南珠
（图片来源：家在深圳我在房网）

71 什么是"蚌佛"？

"蚌佛"是人们经过不断实践，把小型佛像模型放到珍珠贝的贝壳内，几年之后，由于珍珠液的不断包裹，使得小佛像全身都形成了一层珍珠质，于是，一个珍珠光闪烁的佛像便诞生了。在慈禧太后的墓葬中，就有蚌佛十八尊。1993年，在广州金豪商场举办的第四届"南方珠宝展销会"上，一位出售珍珠饰品的展户，展出了一件长达10cm、宽约6cm的珍珠大"蚌佛"。

蚌佛
（图片来源：藏龙交易）

72 鉴别真假珍珠的简易方法

市场上最常见的仿珍珠有4种：一是充蜡玻璃仿制珠，在空心的圆形乳白色小球中充满石蜡；二是实心玻璃仿制珠，将白色实心玻璃球浸泡在"真珠液"中而成；三是塑料镀层仿制珠，在乳白色塑料珠外镀一层"真珠液"；四是贝壳珠，即用贝壳磨成珠子，然后在珠子表面涂上珍珠颜料，制成贝壳珠。

怎样简易地辨别真假珍珠呢？

人们总结出以下几点：

一是看。假珍珠大小均匀，颗颗圆滑，毫无瑕疵，而真珍珠形状不规则，除非是颗颗经过挑选的；真珍珠显出不均匀的彩虹，假珍珠则色调单一，缺乏晕彩。

仿珍珠（黄色玻璃）
（图片来源：阿里巴巴）

贝壳仿珍珠
（图片来源：广州市白云区石井翔隆饰品厂）

塑料仿珍珠
（图片来源：慧聪网）

二是手感。真珍珠非常爽手，即使是天气炎热时触手也感到十分清凉；假珍珠触手时觉得黏腻滚滑。另外用手将两颗珍珠互相轻轻摩擦，真珍珠有阻力感，并发出"沙沙"声，而假珍珠则像玻璃球似的打滑。

三是放大镜观察法。用5倍或10倍放大镜观察，在真珍珠的表面能见到其生长纹，好像沙丘被风吹过一般；人造珍珠只能见到蛋壳状的涂层。

73 你知道世界上最大的海水珍珠吗？

世界上最大的海水珍珠名为"真主之珠"，于1934年5月被发现，是世界上已发现的最

六　天然有机宝石

世界上最大的海水珍珠真主之珠（老子之珠）

（图片来源：佐卡伊）

大的天然海水珍珠，也叫"老子之珠"。老子之珠长241mm、宽139mm，珠重达6 350g，形似人脑。现存于美国旧金山银行保险库中，它是菲律宾一位酋长的儿子到巴拉旺湾游泳时用他的生命换来的。1971年时，它的标价是408万美元。

74　怎样保养珍珠？

阮仕珍珠的博客《珍珠保养的诀窍》总结得不错：

(1) 应避免让珍珠接触酸、碱质及化学品，如香水、肥皂、定型水等。

(2) 切勿穿戴漂亮的珍珠去烫发，在厨房里也要小心，蒸汽和油烟都可能渗入珍珠，令它发黄。

(3) 不要用水清洁珍珠项链。因为水进入珠的小孔内，不仅难以抹干，可能还会令里面发酵，珠线也可能转为绿色。

(4)每次佩戴珍珠后(尤其是在炎热的日子)须将珍珠擦干净后放好,就能保持珍珠的光泽。

(5)每隔数月便要拿出来佩戴,让它呼吸。长期放在箱中的珍珠容易变黄。

(6)避免暴晒。由于珍珠含一定的水分,应把珍珠放在阴凉处,尽量避免在阳光下直接照射,或置于太干燥的地方,以免珍珠脱水。

(7)珍珠首饰单独存放,以免其他首饰刮伤珍珠皮层。

总之,珍珠的色泽虽然很美丽,但却经不起长时间的考验。一般经过几十年,珍珠就会变成普通的黄色,同时失去了美丽的珍珠光泽,这就是俗话所说的"人老珠黄"。

(二)深海精灵——红珊瑚

珊瑚是珊瑚虫群体或骨骼化石,名字来自于古波斯语Sanga(石),属于腔肠动物。古罗马人认为珊瑚具有防止灾祸、给人智慧、止血和驱热的功能。它与佛教的关系密切,印度和中国西藏的佛教把珊瑚作为祭佛的吉祥物,多用来做佛珠,或用于装饰神像。在中国,珊瑚是吉祥富有的象征,清代皇帝在行朝日礼仪中,经常佩戴红珊瑚制成的朝珠。

珊瑚是目前世界上唯一无法在实验室生成的宝石。

75 珊瑚怎样分类?

珊瑚按生长在海中的深度可以分为两大类:一类是我们常见的珊瑚礁岩,质地疏松,无法加工成美丽的珊瑚饰品;另一类是质地致

美丽的双色红珊瑚(深红、粉色)松石(蔚蓝)胸针
(图片来源:盛世收藏)

六 天然有机宝石

六 天然有机宝石

珊瑚礁
（图片来源：昵图网）

宝石级红珊瑚朝珠
（图片来源：孔夫子拍卖网）

密的、色泽丰富美丽的宝石级珊瑚（主要是红珊瑚）。

76 红珊瑚有哪些颜色？

红珊瑚的颜色多种多样，有深红、赭红、桃红、肉红、粉红、橘黄、乳黄、乳白等色。业内认可的红珊瑚色彩范围如下。

阿卡珊瑚：即AK珊瑚，一般为很深的红色，红得像辣椒红、牛血，所以也称牛血色珊瑚。常见为橘红、朱红、正红、深红、黑红、暗红等色，有白芯。主要产区为日本，少部分为中国台湾。

沙丁珊瑚：沙丁珊瑚颜色类似阿卡珊瑚，常见橘色、橘红色、朱红色、正红色、深红色，能达到阿卡珊瑚最深的颜色也就是红得完全发黑的,但不易遇到,多产自意大利,与AK珊瑚区别是没有白芯。

莫莫珊瑚:即MOMO珊瑚,一种偏粉红色的品种。这种珊瑚的颜色跨度很大,常见白色、浅粉、粉红、橘粉、桃粉、橘红、桃红、朱红、正红等色,有白芯。

粉红珊瑚(常说的孩儿面,俗称"天使之肤"):颜色柔和、自然,有粉色、肉粉色。最高级的粉色珊瑚是产在香港外海。

粉白珊瑚:即颜色为粉白色的珊瑚。

宝石级珊瑚颜色除了以上的颜色外,还有少量的为黑色、金色、蓝色和白色。

六 天然有机宝石

天然红珊瑚(形态多呈树枝状)
(图片来源:中华古玩网)

阿卡珊瑚
(图片来源:艺粹网)

沙丁珊瑚项链
(图片来源:中国古玩网)

莫莫珊瑚
(图片来源:保粹评级网)

六 天然有机宝石

粉红珊瑚
(图片来源：中华古玩网)

黑珊瑚烟嘴
(图片来源：雅昌拍卖)

六　天然有机宝石

蓝珊瑚手链
（图片来源：雅昌拍卖）

粉白珊瑚项链
（图片来源：华夏收藏网）

77 怎样区别真假红珊瑚？

红珊瑚与其他宝石一样存在造假现象。造假多用造礁珊瑚、海竹、白珊瑚、大理岩、橡胶等，通过塑形和染色等工序制成，目前市场上大部分染色珊瑚都为海竹染色的。

怎样来区别真假红珊瑚呢？可通过以下一些方法来鉴别：

一是瑕疵。天然红珊瑚多有孔隙、虫眼，这种天然的瑕疵，造假往往很难制作出来。

二是纹理。天然红珊瑚表面会有纵向的生长纹，横截面会有类似树木"年轮"一般细细密密的圆圈。

染色海竹
（图片来源：中华古玩网）

天然红珊瑚的表面纵向生长纹与横截面
（图片来源：华夏收藏网）

红珊瑚的孔隙、虫眼
（图片来源：中华古玩网）

三是颜色。天然红珊瑚的颜色红润细腻，分布均匀，并且颜色越往外越深，越内则越浅，之间或有白芯，天然珊瑚这种自然渐变的颜色特征是造假中染色无法达到的。

78 怎样保养红珊瑚首饰？

红珊瑚的主要成分是碳酸钙，它很容易和酸、碱性的化学物质发生反应。醋、饮料、汗液等酸性的物质，这些酸会让红珊瑚表面变得粗糙无光泽。同时，珊瑚首饰尽量不要与香水等化妆品接触。另外，要避免受到重击和碰撞。

（三）浑然天成的活化石——琥珀

琥珀是数千万年前的树脂被埋藏于地下，经过一定的化学变化后形成的一种树脂化石。琥珀，中国古代称为"瑿"或"遗玉"，传说是老虎的魂魄，所以又称为"虎魄"。

琥珀中因含有各种昆虫（如蜘蛛、蚂蚁、蚊虫）及种子、炭化的树叶等被视为收藏珍品。

79 琥珀有什么特性？

琥珀是碳氢化合物，莫氏硬度在2~3之间，是莫氏硬度最低的有机宝石。非晶质体。油脂光泽，透明至半透明，性脆，贝壳状断口。质地轻，温润，涩，有的琥珀还带有香味。颜色有黄色、褐色、淡红色等。

琥珀常产于煤层中。

80 琥珀有哪些品种？

琥珀的分类有很多种，以下为主要的几种类型。

金珀：金黄色的琥珀，非常名贵的品种。

血珀：颜色呈红色或深红色。主要的产地为缅甸。

香珀：具有香味的琥珀。

灵珀：所有内含有生物体或者矿物体的琥珀都叫灵珀。比如说含有昆虫的称为虫珀，含植物的称为植物珀。

缅甸金珀极品（含活水胆）
（图片来源：盛世收藏网）

水珀：指内含水滴的琥珀，也称水胆琥珀。

翳珀：特点是肉眼看为黑色，在光线照射下呈现红色。缅甸是最著名的翳珀产区。

血珀佛把件
（图片来源：中华古玩网）

香珀
（图片来源：琥珀之家）

水珀（水胆琥珀）
（图片来源：盛世收藏网）

虫珀
（图片来源：中国琥珀网）

植物珀
（图片来源：良材网）

六　天然有机宝石

六 天然有机宝石

抚顺翳珀手链

（图片来源：下午·发现喜欢）

81 什么是蜜蜡？

蜜蜡是琥珀的一种，是指不透明的琥珀。在物理成分和化学成分上都与琥珀没有区别，只是因其"色如蜜，光如蜡"而得名。蜜蜡的质地柔美，色泽温润，深受人们的喜爱。

蜜蜡佩件

（图片来源：翠微阁艺术馆）

蜜蜡手链

（图片来源：一淘网）

82 琥珀(蜜蜡)如何保养？

据百度介绍，琥珀(蜜蜡)的保养应注意以下几点：

第一，由于琥珀自身莫氏硬度低，切记不要将琥珀和钻石等尖锐的首饰存放在一起，应该单独存放。

第二，一定要避免琥珀的磕碰和摔落，这样对它的损坏程度会非常大。

第三，如果长时间没有佩戴，千万不要用牙刷等去刷琥珀的表面，因为摩擦会使琥珀的表面变得粗糙，失去原有的光泽。正确的做法应该是，首先将琥珀放入30～40℃的温水中浸泡2～3分钟，取出之后用软布擦干就行了；如果琥珀由于摩擦而出现粗糙，应该用一点牙膏涂在表面，然后用软布去擦拭，最后用带水的软布将其清洗干净，再涂抹一点橄榄油在上面就能恢复原有的光泽了。

第四，尽量避免强光的照射，一般的太阳光和灯光的照射是完全没有问题的。由于琥珀的熔点比较低，如果周围有火的话，就不要让琥珀与其近距离的接触。

83 世界和中国主要琥珀产地在哪儿？

世界上质量好的琥珀产地主要有波罗的海沿岸国家，俄罗斯西伯利亚北部，地中海西西里岛，中美洲的多米尼加、墨西哥，北美洲美国南部、加拿大，亚洲的中国抚顺、日本久慈和盘城、泰国，大洋洲的澳大利亚、新西兰汉密尔顿等。

中国最重要的琥珀产地是辽宁省抚顺市，也是国内唯一有虫珀出产的地方，其中更有独具魅力的花珀。除此之外，抚顺金珀也极为耀眼。另外，我国另一个琥珀产地是河南省南阳地区。

抚顺花珀原石
(图片来源：上海文玩网)

六 天然有机宝石

六 天然有机宝石

抚顺花珀手串
（图片来源：上海文玩论坛）

（四）象牙

象牙是一种白色硬质物体。象牙的化学组成是羟基磷灰石和有机质。形状一般呈弧形弯曲的角状，几乎一半是中空的。其横切面多呈圆形、近圆形，另外横切面还具有分层结构。

84 象牙分哪几种？

象牙有非洲象牙、亚洲象牙及猛犸象牙3种。

非洲象牙：是象牙中最重要的品种。颜色有白色、奶白色等。质地细腻，截面上带有细纹理。

亚洲象牙：指印度、斯里兰卡及东南亚等地的亚洲象产的象牙。亚洲象体型小于非洲象，且只有雄象才有象牙。牙型一般较小，颜色多为纯白色，但质地较松散柔软，加工较柔软，容易变黄。其中以斯里兰卡产的为佳，具淡玫瑰白色，其次为泰国产，印度孟买产的则劣。

猛犸象牙：猛犸象的门牙，俗称古象牙，又叫万年象牙。比现代的象牙大，多为化石。已发现的猛

象牙雕人物笔筒
（图片来源：古董拍卖网）

非洲象牙

亚洲小象牙
（图片来源：中华古玩网）

六　天然有机宝石

猛犸象和乳齿象的牙中，约有15%是可用于珠宝业的优质象牙。

85 怎样鉴别真假象牙？

猛犸象牙原料

近年来，为了保护大象，包括中国在内的许多国家已经禁止大象捕杀与象牙贸易。随着象牙价格的不断高涨，牟利造假者便用一些与象牙相似的材料施以雕刻，鱼目混珠，致使不少收藏爱好者被蒙骗。那么，怎样来辨别真假象牙，可从以下几个方面来识别。

牙纹：象牙有牙纹，在象牙的横切面上有纵横交叉的菱形纹，且牙纹有粗有细，化学伪品则无牙纹。

颜色：真的象牙颜色呈牙白色，即使漂白，也有油润的洁白感；而骨刻首饰往往呈干涩的白色，塑料制品白得呆板、不自然、无光泽。

真象牙的菱形牙纹
（图片来源：中华古玩网）

假的象牙制品
（图片来源：中华古玩网）

火烧法鉴定真假象牙
（图片来源：凤凰网，信息时报记者 陈文杰摄）

重量：同样的体积，牙雕首饰比骨刻的明显要重。

骨质：象牙的质地比骨头细腻。

做工：象牙做工精工细作，骨刻首饰一般做工比较粗糙。

还有商家用树脂来冒充真象牙，对此广州市工艺美术行业协会会长洪庆云介绍了一种鉴别方法，即用火烧一烧，真象牙不会冒烟，假象牙则会冒烟。

YINZHANG SHI

七 印章石

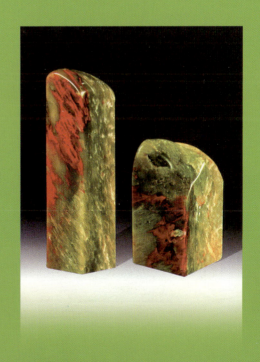

七 印章石

86 中国四大印石是指哪些？

中国印章文化源远流长，产出的印石品种繁多，但最著名的是被称为中国"四大印石"的福建寿山石、浙江昌化石、浙江青田石和内蒙古巴林石。

87 什么是寿山石？

寿山石，因产自福州寿山而得名，为中国传统"四大印章石"之首。其矿物成分以地开石、高岭石为主，叶蜡石次之。具珍珠光泽、油脂光泽、蜡状光泽，微透明至半透明，极少数透明。质地致密、细腻、坚韧、光洁，具滑腻感。莫氏硬度2.5。

寿山石除了大量用来生产千姿百态的印章外，还广泛用以雕刻人物、动物、花鸟、山水风光、文具、器皿及其他多种艺术品。

88 寿山石有哪些品种？

寿山石品种繁多，色彩缤纷，又各有特色。按传统分类，可分为田坑石、水坑石、山坑石三大类，每个大类又可分为很多小类。

89 田坑石的品种？

田坑石也称田石，是指产于寿山乡一带溪旁水田中的寿山石。田石多呈自然块状，无明显棱角，有明显色皮。小者以钱、两计，大者盈斤，能达数斤者极罕见。田石又以色分，有田黄、田红、田白、田黑、银裹金、金裹银等品种。其中，以田黄最为珍贵，有"石帝"之美，价贵黄金。另有外白内黄的"银裹金田"、外黄内白的"金裹银田"、外裹黑色薄皮的"乌鸦皮田"等。

七 印章石

田黄
（图片来源：中国地质博物馆藏品）

田白石印章
（质凝如脂，色白透黄，略带蛋青色；
图片来源：西泠拍卖网站）

外白内黄的"银裹金"作品《梅花薄意随形章》
（图片来源：东南拍卖）

清代寿山田黄石印章
（图片来源：盛世收藏网）

七 印章石

外黄内白的"金裹银田"
(图片来源:广州隆盛国际展览服务有限公司)

田黑雕刻件
(图片来源:中国寿山石文化频道)

外裹黑色薄皮的"乌鸦皮田"
(图片来源:360doc个人图书馆)

七 印章石

田红雕刻作品《福在眼前》
（图片来源：寿山石吧）

水晶冻
（图片来源：西泠拍卖有限公司）

90 水坑石的品种？

水坑石是指产于矿区矿洞中的寿山石，其特点是"水"多。由于长期受地下水的浸渍，水坑石的质地特别莹澈通灵。主要品种有水晶冻、鱼脑冻、天蓝冻、桃花冻、黄冻、玛瑙冻、牛角冻、鳝鱼冻、环冻、坑头石(坑头冻、坑头晶)、冻油石、掘性坑头石等。水坑石以透明度高、肌理莹洁者为上品，其中以红色及黄色最为罕见。

水晶冻：石质透明莹澈如水晶。依颜色又可分为"白水晶"（常见）、"黄水晶"（罕见）和"红水晶"（极罕见）。

鱼脑冻：石质半透半浑，如煮熟的鱼脑，不如水晶冻莹澈，石色亦非雪

鱼脑冻老章
（图片来源：寿山石沙龙网）

123

白。产量极为稀少。

天蓝冻:质明色净,石肌含灰蓝色点及棉花纹,隐约透出灰蓝色光。

桃花冻:冻质晶莹清灵,冻中密布疏离状红色点点,其状如片片桃花瓣,浮沉于清水中,娇艳无比。

黄冻:质地腻如蜜蜡,故又称蜜蜂蜡。无石皮且表里如一,不似田黄内外浓淡有别。

玛瑙冻:通常二色或三色相间,偶有层状

天蓝冻(又称蔚蓝天)雕件《三足金蟾》
(图片来源:寿山石沙龙网)

黄冻
(图片来源:中国奇石网论坛)

水坑桃花冻章
(图片来源:福州军创电子有限公司)

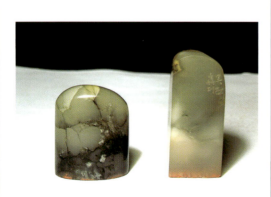

水坑玛瑙冻旧印
(图片来源:孔夫子拍卖网)

或条状晕彩纹。纯红者称为"玛瑙红",纯黄者称为"玛瑙黄"。

牛角冻:色赭黑,黑中透出红气,浓者如同水牛角,淡者近似犀牛角,通明而有光泽,肌理有水纹,如牛角之纹理,故得名"牛角冻"。

鳝鱼冻:因色灰中带有微黄,隐细色点,类似鳝鱼之背脊,故名。

环冻:石质晶莹通明如半熟的蛋白。石肌多隐现菊瓣或鱼子泡状小环,或单环或双环或多环相连。

水坑玛瑙红图章
(图片来源:癫自石来的博客)

水坑牛角冻摆件
(图片来源:寿山石文化论坛)

寿山水坑鳝鱼冻《金玉满堂》大方章
(图片来源:中国篆刻网)

水坑环冻石
(图片来源:文玩天下)

七 印章石

125

七 印章石

坑头石：指水坑各洞出产矿石中已命名各种晶、冻外的矿石的统称。微透明或半透明。黄、赤、白、黑、青五色俱备，以白、黑两色最常见。质地凝腻或晶莹者，称为"坑头冻"和"坑头晶"。

冻油石：因润滑如结冻之油蜡而得名。色白或略带牙黄、淡灰，间杂细黑点，质坚多裂纹。

水坑坑头石《枯藤老树昏鸦》
（图片来源：寿山石沙龙网）

水坑坑头冻精雕大钮章
（图片来源：中华古玩网）

水坑坑头晶观音摆件
（图片来源：寿山石沙龙网）

冻油石
（图片来源：中国寿山石网）

掘性坑头石:指产自坑头山坡砂土中的块状独石。因掘于土中,故名"掘性坑头"或"坑头田"。色多黑赭或棕黄。色黄者类似田黄。

91 山坑石的品种?

山坑石是指产于福州寿山、月洋两乡方圆10多千米山坑中的寿山石。山坑石是寿山石中最大的家族,而高山石又是山坑石中最大的家庭。

山坑石的品种繁多,命名五花八门,现介绍高山石的主要品种。

高山石的品目按色相、矿洞、石质和矿状分别命名。

1)以色泽命名

红高山:指纯红色的高山石。按色调、纹理的近似物象取名,如美人红、朱砂红、荔枝红、晚霞红、瓜瓤红、天蕻瓤、桃花红、玛瑙红、酒糟红,以及肉脂、桃晕等。

白高山:指纯白色的高山石。以色、相、质的

掘性坑头石
(图片来源:中国寿山石网)

猪油白高山卧马钮印章
(图片来源:寿山石沙龙网)

高山红(朱砂红)鳌鱼方钮印章石
(图片来源:孔夫子拍卖网)

七 印章石

七 印章石

黄高山弥勒佛
（图片来源：雅昌论坛）

高山虾背青石俏色巧雕《龟、鹤、桃三寿》
（图片来源：中华古玩网）

巧色高山摆件《南瓜松鼠》
（图片来源：雅昌拍卖）

寿山高山冻
（图片来源：中华古玩网）

不同，分为藕尖白高山石、猪油白高山石、象牙白高山石、磁白高山石等，其中以藕尖白高山石、猪油白高山石为最佳。

黄高山：指纯黄色的高山石。有橘皮黄、枇杷黄、桂花黄、蜜黄、杏黄、土黄、棕黄、赭黄等高山石名贵品种。

虾背青灰：又称"黑高山"，通体浅墨如虾背，质微透明。

巧色高山：指两种以上颜色混杂交错形成各种纹理的高山石。或由淡渐浓，或色层分明。如行云流水，似彩霞生辉，皆琳琅满目，惟妙惟肖。

2）以相命名

高山冻：凡高山出的冻石，都称高山冻石。质如凝脂，通灵，微透明，肌理隐含棉花细纹。因色泽不同，分为白高山

七 印章石

高山环冻石
（图片来源：华夏收藏网）

寿山高山晶《甲虫》巧雕摆件
（图片来源：盛世收藏）

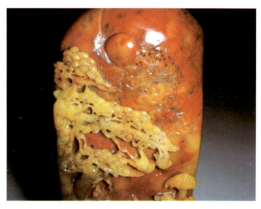

掘性高山石
（图片来源：中华古玩网）

高山桃花冻《瑞兽》钮印章
（图片来源：寿山石沙龙网）

冻石、黄高山冻石、红高山冻石、高山朱砂冻石等。

高山环冻：环冻的肌理中，时有泛水珠、水泡般的环纹出现，或零星分布，或环环相连，蔚为奇观。环多呈粉白色，大小不一。

高山晶：指质地晶莹纯洁无瑕的高山石矿块，通常为白色结晶体，透明度更胜高山冻。肌理偶见金属细砂点，在灯下闪烁银光。

掘性高山：指游离散落于山坡砂土中的独石，成因类似田黄石，质地莹腻通澈，肌理含萝卜纹，外表亦有石皮。有月白、黄色、红色之分，颇似田石。因久埋山中沙土里，而缺乏田石的滋润水灵。

高山桃花冻：质微透明，色多白、

七 印章石

黄,中带细密的红点,深浅大小不一,似三月桃花散落水上,凝而视之,似动非动,如花飘静水。质佳,量少。

高山牛角冻:与水坑牛角冻石相似,只是出产地不同。色如黑牛角,肌理隐含灰色或灰黑色的棉花纹,细腻,凝结,微透明,产量少。

高山鱼脑冻:产自高山矿脉,温润细腻,色洁白,中泛黄彩。肌理有团簇状的棉花纹,或如煮熟的鱼脑状纹。质接近水坑鱼脑冻石。

高山鱼鳞冻:白色,肌理隐存密集如鱼鳞状的圈点,排列交错有致,犹如贯穿鱼鳞纹的垂直蓝条纹。

3)以矿洞命名

和尚洞高山:产于高山顶上的和尚洞,石性细腻,微透明,色多红中带灰或土红。

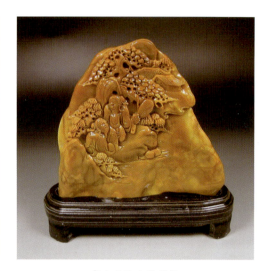

高山鱼脑冻雕刻件
(图片来源:中华古玩网)

高山鱼鳞冻原石
(图片来源:华夏收藏网)

高山牛角冻《滚狮戏球》
(图片来源:寿山石沙龙网)

和尚洞高山石《硕果蝉(常)》
(图片来源:福州艺美石苑工作室)

大洞高山：产于古洞，石材性坚质硬，有红、白、黄等色，以诸色相间者为多。时有透明、半透明的晶冻出现，分别称为大洞晶石、大洞冻石。

玛瑙洞高山：石质纯洁多光泽，似玛瑙，色泽为红、黄，分别称为红玛瑙石、黄玛瑙石，偶有黑中透红者。石中常隐现红、黄、黑、白各色条纹和圈点。

油白洞高山：色多乳白或白中泛黄，凝腻如油脂，肌理偶见色点。因为嗜油，故也称油性高山石。

大健洞高山：产于高山大健洞，石质近乎于和尚洞高山石，容易开裂，稍逊纯洁，石质逊于和尚洞高山石。

玛瑙洞高山椭圆章《赤壁夜游》

（图片来源：雅昌拍卖）

油白洞高山章

（图片来源：360doc个人图书馆）

大洞高山雕件

（图片来源：寿山石文化论坛）

大健洞高山石雕件

（图片来源：搜了网）

七　印章石

七 印章石

92 什么是青田石？

青田石因产于浙江省青田县的山口、图书山(鹤山)、方山、岩垄、白垟、封门山一带而得名。主要矿物组成为叶蜡石，所以有滑腻感觉。呈蜡状，油脂光泽。不透明、微透明或半透明。质地坚实细密，温润凝腻，色彩丰富，花纹奇特。莫氏硬度2。纹理细腻温润，是雕刻、篆刻的理想材料。

青田石的最大特点是天然色彩十分丰富，一块石头上有多种颜色，甚至多达十几种颜色。

93 青田石有哪些珍贵品种？

据青田石研究专家夏法起先生的科学统计，青田石共分有十大类108种。其中珍贵品种首推晶莹如玉而且"照之灿如灯辉"的灯光冻，其次为微透明而淡青中略带黄的封门青、色如幽兰而通灵微透的兰花青等。这3种品种与田黄、鸡血石并称为三大佳石。此外还有黄金耀、竹叶青、芥菜绿、蓝星、金玉冻等，更有青田奇石者龙蛋石、封门三彩、夹板冻、紫檀花冻等。

青田灯光冻：又名灯明，所谓冻，是指石质细腻透明，微黄，纯净细腻、半透明，光照下灿若灯辉。

封门青：也称封门清，封门冻等。色淡青，如春天萌发的嫩叶，有的偏黄、白。质地细腻，微透。

青田灯光冻
(图片来源：360doc个人图书馆)

封门青观音钮章
(图片来源：卓克艺术网)

青田兰花青章
(色如幽兰而通灵微透)

青田黄金耀：黄色，艳丽妩媚，质地纯净细洁，温润脆软，为青田石中之最佳黄石。

青田竹叶青：又名竹叶冻，青田石中的贵族，青色泛绿，通灵明净，石性坚韧。

封门三彩：在狭义的概念中有特定要求，其必须是由黑、黄、白三色组成的且三色过渡自然的封门彩石。

青田金玉冻：颜色多为中黄、淡青两色相间，色间过渡自然。质细腻、柔和、少裂，是青田之佳石。

青田黄金耀《双螭》
（图片来源：寿山石沙龙网）

青田竹叶青《善财童子》钮章
（图片来源：寿山石沙龙网）

青田芥菜绿冻
（图片来源：孔夫子拍卖网）

封门三彩章
（图片来源：寿山石沙龙网）

七　印章石

七 印章石

龙蛋石:为青田石之珍品。大小不一。紫棕色薄"蛋壳",裹生着不同颜色的冻石"蛋黄",冻石以浅黄、淡青色居多,纯净温润。

龙蛋石(俗称岩卵)
(图片来源:雅昌拍卖,潘锡存《荷塘月色》)

青田夹板冻对章
(在紫岩中夹生着一层平薄的青白色或黄色冻石;图片来源:中华古玩网)

青田蓝星方章
(注:蓝色星点散布于青、黄色石料上,非常漂亮,天然蓝色永不变色;图片来源:雅昌拍卖)

青田金玉冻方章
(图片来源:巴林石论坛)

封门三彩子母兽

（注：以黑、棕色块间一层青色为特征，时有黑、青、黄、棕、蓝多色并存，可谓石中珍品；图片来源：寿山石沙龙网）

青田极品紫檀花冻大素章

（注：此石的"地"一般为紫檀色，细腻，不透，受刀，料中夹淡青或浅黄色囊状、层状冻石；图片来源：中华古玩网）

94 青田石与寿山石怎样区分？

青田石有时在某些方面与寿山石很相似，但可从以下几个方面来区分：

第一，组成矿物，青田石的主要矿物为叶蜡石，而寿山石的主要矿物为地开石。

第二，透明度，青田石的透明度普遍低于寿山石，一般的寿山石具有明显的糯性，手触摸有滑腻感，就好像是表面涂了一层蜡质一样的感觉。

第三，光泽，青田石一般呈典型的蜡状光泽，而寿山石呈微弱的蜡状光泽。

第四，颜色，青田石以青色为基色主调，而寿山石则红、黄、白数种颜色并存。

七　印章石

青田石以青色为基色主调
（图片来源：青田石雕精品展，青田专辑143）

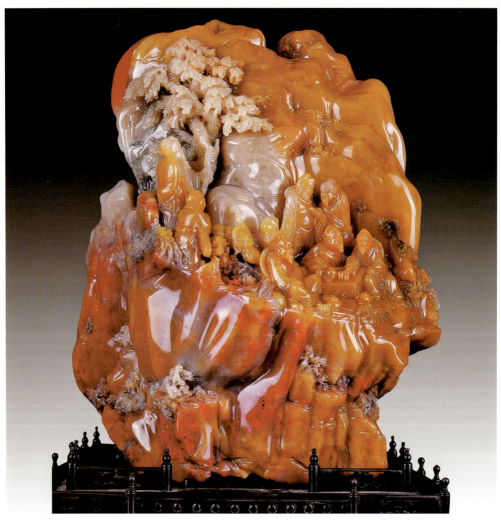

寿山石红、黄、白等数种颜色并存
（图片来源：360doc个人图书馆）

95 你知道什么是鸡血石吗?

鸡血石为石中珍品,为中国所独有,它是大自然对中华大地的特殊赏赐。

鸡血石因其中含有殷红如鸡血的辰砂而得名。由"地"和"血"两部分组成。一般认为"血"的矿物成分主要是辰砂,"地"的成分主要由地开石、高岭石等矿物组成(巴林鸡血石"地"的成分主要由高岭石和硬水铝石等矿物组成)。"地"可呈多种颜色。莫氏硬度2.5~3。鸡血石因产量少而价值高,主要被用作印章及工艺雕刻品材料,也为收藏品。

鸡血石按其产出地域分为浙江昌化鸡血石与内蒙古巴林鸡血石。

鸡血石章
(图片来源:《中国矿物》)

鸡血石雕件
(图片来源:雅昌拍卖)

七　印章石

七 印章石

96 昌化鸡血石中的"鸡血"是怎样形成的？

盛产鸡血石的昌化玉岩山，是由1亿多年前的火山喷发形成的。山体上部的凝灰岩岩石受后来火山喷气和热水溶液的作用，蚀变成了地开石、高岭石（即昌化石）。以后由于地壳运动，使玉岩山的岩石产生褶皱和开裂，地下的硫化汞矿液在上涌的过程中，渗入、充填并冷凝于昌化石的裂隙之中，于是形成了含辰砂的美丽鸡血石。

97 昌化鸡血石有哪些珍贵品种？

据散人的《昌化石（鸡血石）最珍贵的品种》一文，以"地"的不同颜色以及质地等划分出很多品种，其中最著名也最珍贵的品种有：大红袍、红帽子、红云篇、刘关张、桃花地、白玉地与玻璃地等。

大红袍鸡血石：含"血"量大于50%。极为难得，以冻地鲜红血最佳，很稀少。

昌化大红袍鸡血石《钟馗》摆件
（图片来源：在线送拍网）

红帽子鸡血石：上部为全红，下部为冻石，含血量约占1/3。

红云篇鸡血石："血"在"地"中常常不连续，而呈云雾状图案，非常珍贵。

刘关张鸡血石：红、白、黑三色相间者，质量好的也是珍贵品种。

桃花地鸡血石：在冻地上布满"血"斑，如落英缤纷，鲜艳夺目，为昌化石中极品。

昌化红帽子鸡血石
（图片来源：慧聪网）

红云篇鸡血石（云雾状）
（图片来源：孔夫子拍卖网）

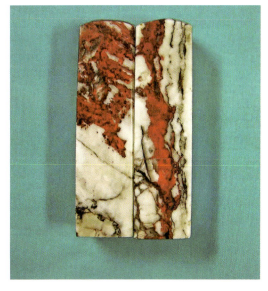

昌化刘关张鸡血石方章
（图片来源：孔夫子旧书网）

昌化桃花地方章
（图片来源：寿山石沙龙网）

七　印章石

七　印章石

白玉地鸡血石：月白色（地），上布红斑，鲜艳夺目。

玻璃地鸡血石："地"通透，内外含"血"叠映生辉，价值极高。

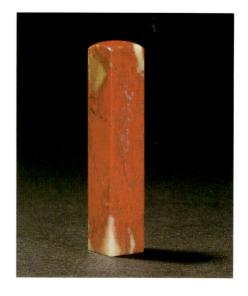

昌化白玉地鸡血石
（图片来源：西泠拍卖有限公司）

昌化玻璃冻鸡血石章
（图片来源：中华古玩网）

98 巴林鸡血石有哪些珍贵品种?

巴林鸡血石是属于相对年轻的石料,1973年才开采。它石质温润、洁净、细腻、鲜艳、丰富。其的品种繁多,名贵品种也不少。据介绍,巴林鸡血石比较名贵的品种有羊脂冻、黑冻(即牛角冻)、刘关张、大红袍、夕阳红、翡翠红、水草红、芙蓉红、龙血红、福黄红等。

羊脂冻:此品种以羊脂玉般白色为主体颜色,石面上分布着鲜艳红火的"鸡血",质地温润细腻,红白相映,皓齿朱唇,十分宜人,如姑娘般的肌肤,富有灵韵。

黑冻(牛角冻):黑冻即牛角冻,如牛角色,黑非纯黑,以地色纯、血色红正凝聚者为佳,质地温润、凝重,红色的血如熊熊大火,黑色的地子如苍穹后的乌云,给人一种惟妙惟肖的艺术享受。此品种是难得的珍品。

巴林羊脂冻鸡血石方章
(图片来源:搜艺搜网)

巴林牛角冻鸡血石
(图片来源:瀚石苑)

七 印章石

七 印章石

刘关张：此品种应有红、黑、黄或红、黑、白3种颜色，红是鸡血，黑是牛角冻，黄是巴林黄，白是羊脂冻。石质细腻，色彩对比强烈。刘关张的名称巧借了历史上3个著名人物的特征，刘备（黄、白）、关羽（红）、张飞（黑）。

大红袍：该石种通体红色，没有一丝杂色，血色能达到石体的80%以上，血红犹如辣椒，红火，油亮，使人顿生温暖富有、事业红红火火之感。

巴林鸡血石王
（自然形，高55cm，宽35cm，厚18cm，形似宝塔，牛角冻地，血色鲜红，集中成片；图片来源：昵图网）

巴林刘关张鸡血石章
（图片来源：巴林石商城）

巴林大红袍鸡血石山子摆件
（图片来源：盛世收藏）

夕阳红：也称为血王，该石主体颜色为黑红相间的两种色彩，质地温润细腻、洁净凝重，使人顿生夕阳西下的美感。黑色是锰、钛矿物，红色是辰砂，按条状带状分布。

翡翠红：该石主体颜色是绿色，绿色中又分布着红色鸡血，绿扶红，红衬绿，相映生辉，质地莹润、柔滑、净凝，动感强，富有灵性。其绿色是混入绿帘石矿物而成。

水草红：此品种较为少见，以白色、浅黄色或粉色等地子为主体，生长出一束束天然的水草或黑草，临风飘摇，栩栩如生，色泽明透彩亮，质地凝重、细腻，富有灵性。

巴林翡翠红鸡血石
（图片来源：巴林人的博客《巴林鸡血石品种简介》）

巴林夕阳红（血王）方章
（图片来源：博宝拍卖网）

巴林水草红鸡血石
（图片来源：巴林石论坛）

七　印章石

七 印章石

芙蓉红:该品种以黄白色为主体颜色,上面又分布着由淡到重的粉红色血,色彩鲜明艳丽,色调柔和凝重,显现出芙蓉映月的景色。微透明至半透明。

龙血红:该品种主要特征是血鲜且透黄,也有人称为黄血。该品种色彩鲜艳,富有帝王之尊,王者之气。其为辰砂中有少量的褐铁矿融合而成黄血。

福黄红:该品种以黄色为主,石面中分布着条状的"鸡血",宛如晚秋的夕阳,洒落在金灿灿的草原上,展现出傍晚的迷人景色,色泽明亮华贵,质地温细腻、净透,富有灵气和神韵。

巴林龙血红鸡血石方章
(图片来源:巴林人的博客《巴林鸡血石品种简介》)

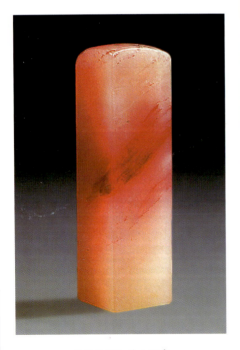

巴林芙蓉红鸡血石章
(图片来源:巴林人的博客《巴林鸡血石品种简介》)

巴林福黄红鸡血石
(图片来源:杨毅臣的博客《巴林鸡血石命名》)

99 你知道陕西旬阳鸡血石吗？

因国内浙江昌化、内蒙古巴林这两个主要鸡血石的产地资源临近枯竭，近年来陕西旬阳鸡血石逐渐被业界认识，名声渐起。

陕西省旬阳是目前世界上最大的汞矿区，其汞产品占全国销量的七成，被誉为"中国汞都"。

业内专家评价陕西"鸡血石"为内外含血，浓厚鲜活，不易褪色，经久耐磨。

旬阳鸡血石与昌化、巴林鸡血石之差异主要在于"地"的矿物组分的差异：旬阳鸡血石的"地"多由石英、白云石、方解石和少量的黏土质矿物组成，呈现出玻璃或油脂光泽；昌化、巴林鸡血石的"地"多由黏土质矿物组成，呈现出丝绢或油脂光泽、蜡状光泽。

陕西旬阳鸡血石
（图片来源：盛世收藏）

旬阳大红袍鸡血石
（图片来源：盛世收藏）

七 印章石

100 昌化鸡血石与巴林鸡血石有什么不同？

"南血北地，各有千秋"，是行家对昌化鸡血石和巴林鸡血石进行比较而得出的评语。通俗的解释，即南方的"血"色艳，北方的"地子"透。浙江昌化鸡血石颜色鲜艳，纯正无邪，鲜者红如淋漓之鲜血，但"地子"稍差。北方内蒙古的巴林鸡血石"地子"通透干净，看上去晶莹透亮，但"血"色一般较淡薄、偏暗，多呈暗红色；昌化鸡血石的"血"形多呈条带状、片状和团块状，略具方向性，而巴林鸡血石的"血"形多呈棉絮状、云雾状，无方向性；昌化鸡血石的血浓集，而巴林鸡血石的血清散；昌化鸡血石不易褪色，而巴林鸡血石易褪色。

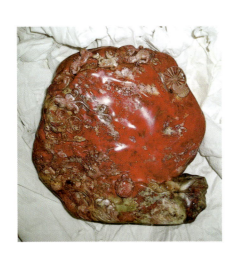

昌化鸡血石颜色鲜艳
（图片来源：搜艺搜网）

巴林鸡血石质地细腻温润、晶莹透亮
（图片来源：雅昌拍卖卓克艺术网）

101 怎样评价鸡血石的优劣？

鸡血石主要有以下4点：第一看"血"的颜色，鲜红为最贵，次为朱红，暗红较差；第二看血量,一般来讲,鲜红血含量大于30%的为高档品,大于50%的为精品,大于70%的为珍品,含血量也不是越多越好,如全部都是血,那就是一块辰砂而不是鸡血石了;第三看"血"形,有块血、条血、散血、点血等,如有两至三种"血"形自然地结合于一体,血色、"血"形俱佳,花纹奇特,可构成自然风景或图案,则更有收藏价值;第四看鸡血石的质地(也称地子、地张)指的是红色染在什么样的石头上,鸡血石的地子以纯净、半透明、与血之鲜红色彩交相辉映者为上品。

七 印章石

地子纯净、透明、与血之鲜红交映者为上品
(图片来源:上海誉恒轩国际古董展览有限公司)

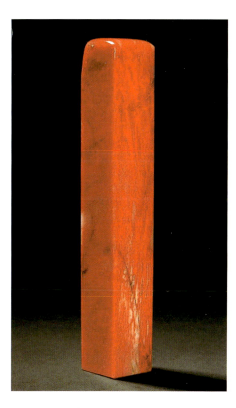

血鲜艳如鸡血、血量大于70%者为上品
(图为昌化大红袍石章;图片来源:西泠印社)

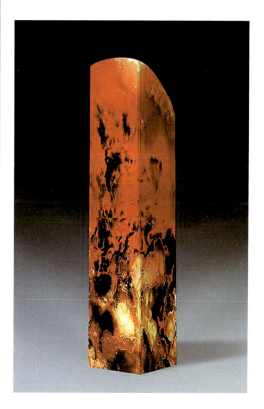

花纹奇特者为上品
(图片来源:360doc个人图书馆)

147

102 怎样识别假鸡血石？

由于收藏市场的需求不断增加，鸡血石的价格一路飙升，丰厚的利润促使一些人干起了见不得人的勾当。于是乎以次充好、以虚充实、以假乱真等各种造假手段出现了。据《鸡血石的鉴定方法，鸡血石四种造假！》一文介绍，现在市场中主要存在4种仿造方式：添补、组拼、包皮与合成。

添补：在低质鸡血石的人工刻挖处填充色料，扩大"血"面，以次充优。

组拼：利用鸡血石的下脚料，选其地、色相近者拼接成整体，再用树脂、色料填充不足之处，加以表面处理，经切磨抛光，即成为一块完整的鸡血石印材。

贴皮：其做法有两种，一种是用鸡血石的下脚料切成薄片，粘贴在普通印石的毛坯上，再用树脂、色料添补缝隙修饰而成；另一种是在普通印石的毛坯上，用树脂、色料加少许辰砂，绘制与鸡血石相似的自然图案，再平涂一层树脂封面，如此反复修饰几遍，凝固后再磨平抛光。其厚2～3mm。

合成：用石粉、树脂、色料、辰砂粉等原料，经过工艺调配、铸型、磨光抛光，此法应有

高仿鸡血石对章照片
（图片来源：和斋-叶克勤的博客《一对高仿鸡血石的鉴伪心得》）